U0211091

启真馆 出品

启真·闲读馆

料理的四面体

〔日〕玉村丰男　著

丁楠　译

浙江大学出版社
ZHEJIANG UNIVERSITY PRESS

中公文库版引言

由于中央公论新社决定为《料理的四面体》推出文库版，于是时隔多年我又将本书重读了一遍。我发现，书比我印象中的更有趣。文中虽然不乏我已经不会再使用的过度修饰，以及年轻气盛带来的夸大其词，内容还是有的。假使充作新书摆上书店和网站的醒目位置，说不定还能捕获一批新读者……这便是我读后的感想。像这样公然称赞自己的作品，实属老年人的怪癖。遥想当初，我也曾在心中暗发誓，老后绝不做出类似这样的举动的呀。

由现在算起三十年前，在东京都港区三田有一座名为"明王院"的寺院，院内坐落着一栋公寓。公寓的一间屋子里，34 岁的我被装满烹饪书籍的柜子包围着，写出了这本书。当时我是离过一次婚的独身男子，有点时间就做料理给自己吃。现在是无法想象了，但当时若是吃和食，我会把一个个精挑细选的和食器具在和风餐垫上摆得漂漂亮亮的，再把料理也盛得漂漂亮亮的。吃西餐的话用西餐器具搭配西餐餐垫，吃中餐的话就用中式餐具搭配中国风格的餐垫……一般来说，一个人吃完以后，一想到清洗餐具要搭工夫进去，就会随便糊弄两下了事，但是当时的我，无论如何都要洗好、摆好才算完。现在若是让我见到这样的男人，一定会把他当成无可救药的料理狂人，或是让人反胃的自恋狂，不会拿正眼瞧他，或者至少也会对他敬而远之。但是，若非这样的"料理男子"（那会儿还不存在这个字眼），是写不出这样一本书的。

那时，我一厢情愿地完成了《料理的四面体》的原稿，然后被友人拿走，带到了他任职的出版社。编辑读后给出了这样的评价：作为一本理论书不够严谨，作为一本烹饪书又不够实用，不上不下，出版价值不大。本书如此遭到枪毙的始末，我已在其他几部著作中阐明，在下文《再出版之际的随笔》中出现的略称 C 社，不言而喻指的正是枪毙这本稿子的中央公论社。[1]

在经历了"实质性破产"后，C 社以 C 新社的名号重获新生。至于我的《料理的四面体》，先是在镰仓书房顺利出世，然后经历了镰仓书房倒闭，继而转到文春发行文库版（及绝版），于是再转投宝酒生活文化研究所，作为"酒文严书"的单行本再出版（亦随该研

---

[1] 编注：中央公论社的罗马拼音写作 Chuokoron Sha，C 为其首字母。中央公论社一度破产，重组后更名为中央公论新社。

究所的关闭而绝版）。走过三十年漫长的弯路之后，如今这本书终于将由我最初期许的出版公司以全新文库本的形式出版（本文库版的文本内容以再版单行本为母版）。

本书在发售当初广受好评，但不知为何始终辗转于绝版与再版之间，难逃劫数。这或许是出于它一开始与本应归属的出版社在阴差阳错之下失之交臂的缘故吧。

倘若当真如此，那么借着这次中公文库版的发行，《料理的四面体》将最终（？）找到它的安居之所。将有新的读者为它注入新的生命，让它自此安度幸福的余生。圆满的结局即是圆满的人生。久经世事，必有好事。

2010 年初春

玉村丰男

再出版之际的随笔

《料理的四面体》(单行本)首先于 1980 年 10 月由镰仓书房出版,三年后,于 1983 年 11 月由文艺春秋推出了文库版。文库版再版至今,单行本则随着文库版的推出已成绝版。

《料理的四面体》原稿有 300 张稿纸,每张 400 字,是我于 1980 年 5 月利用整整两周时间完成的。随后——就像我在拙著《ESSAYIST》中提及的——原稿通过友人被带进了某大型出版公司 C 社,但未被采用。结果,当时正在筹备出版我的另一本书《文明人的生活做法》的镰仓书房,顺水推舟接过本书的出版工作。虽然我自认这本书是得意之作,但若不是镰仓书房出手相助,本书能否得见天日仍是个疑问。作为一个初出茅庐、仅有三本著作的写手,我深知自己难以取得大型出版社的信任。借由本书的出版,我才确保了身为一名杂文作家的立足之地,由此可见,出版社的决断对于一位写手的出头往往具有绝大的影响力。镰仓书房已于 1994 年 11

月消亡，而上文提到的 C 社近期也形同倒闭。如今回首往事，感慨万千。

好了，值此名著再版之际，让我们将阴郁的话题就此打住，兴高采烈地放飞广告气球吧！

放飞广告气球？真是老古董的修辞，现在的年轻人恐怕已经无法理解。随着时代的变迁，语言和表达方式在不断变化。然而也有不变的东西，"四面体"的原理就是其中之一。我这个作者说自己的书是"名著"，自然是在开玩笑，不过，我仍然希望这本写于 19 年前的书能够以昔日的面貌重新出版。这是我多年以来的愿望。

本书初版发行时的印数为 7000 本，第二年增印 3000 本，转年又追印了 2000 本。三刷过后好歹没有成为出版社的包袱，但是这个数字仍然称不上畅销。不过相对于发行数量，本书问世后的反响颇大。出版之后很长一段时间都有业界相关人士对我说："那本书很能卖吧！"读过它的人虽然不多，但它给予读者的冲击力似乎很大。在我身边表示强烈支持的人固然不少，但也有否定的声音从料理"制作者"的世界传来："做菜要是那么容易，就不必费那个劲了！"

我所提出"料理的四面体"，是指一种适用于世界上所有烹饪的简单明快的原理，因此，理所当然的，这在历经千锤百炼的专业人士看来，仿佛烹饪现场的千辛万苦都被一笔带过了一样。我确实曾表示过烹饪的原理简单易懂，但这并不代表我认为烹饪本身是一件易事。

研究法国菜的第一人，已故的山本直文先生，曾亲自给我寄过一封怒气冲冲的信，上头写着："你说牛排是沙拉，照你这么说，那不是所有的菜都算沙拉？岂有此理！"山本先生大概把我想成了一个侵犯法餐圣域的莽夫。

但在另一方面，从烹饪科学的角度出发，我的"四面体"被认为是一种既实用又有效的模型，甚至有研究者将其引用在论文当中。总体来说，由于受众所处的立场不同，本书的内容似乎引起了各种不同的反响。

就我本人而言，是希望所有关注烹饪、料理和饮食的朋友们都能读一读这本书的。对理论化的东西抱有兴趣也好，想把它当作实际操作时的参考也好，都请翻开一读。在推出文库版后，已有许多读者陆陆续续与我走到了一起。在此我仍然真切地期望，借由此次再版发行、重新问世，这本书能够一扫它曾经遭遇的出师不利，在即将到来的 21 世纪，在这崭新的时代里，迎来更多读者朋友。

1999 年早春

玉村丰男

美食美事的开端

　　《肉馅料理300种》《鸡肉料理365天》《100种鸡蛋的做法》——每当看到书店里摆满这类烹饪书籍，我都会感同身受地认为主妇难当。在一般家庭担着下厨房重任的女性，想必为了每天吃什么而伤透了脑筋，因此才会在山穷水尽之后寄希望于这种书。不过，光是肉馅料理就要连续看上300种做法，主妇们一定非常辛苦。那些365日天天吃鸡肉的男人恐怕也是有苦难言。主妇们或许会说，我们家才不会天天吃鸡肉呢，那么为了增加菜色和花样，势必要囤购数十本烹饪教材，为此会散尽钱财。结果，还是要靠最廉价的肉馅和鸡肉熬上两年，再靠吃鸡蛋挺三个月。

　　最开始做菜时，不论是向他人请教还是从书本学习，一道菜需要用哪几种材料，每种材料分别是几克几升，制作过程又分为几道工序，如不严格按照教程去做就会不知所措。从某种程度上讲，这也是没有办法的事。

而在掌握了大多数料理的制作方法，并对其制作过程有了全面理解后，便有可能在无意识间摸索出烹饪的一般原理，本能地知道应该如何去处理某种食材。

一旦达到了这种境界，便会根据以往的经验，自行将基础的烹饪方法套用在各种各样的情况之下，接二连三地做出书本上没写的东西。哪怕只读《鸡肉料理 365 天》这一本，也能够从中得到可以应用于其他料理的几点启示，靠一本书活上好几年也不在话下。

然而在达到这种境界之前，需要积累一定的"工龄"。

按部就班地了解、掌握、实践某一事物的具体性质，并从经验中推导出一般原理——这种依靠归纳总结的方法虽说是正确的，却非常耗时，而且并非人人适用。换句话说，并非所有人都能最终抓住一般原理。因此就算把《鸡肉料理 365 天》整本书倒背如流，能够做出的菜也只有 365 种。

那么是否存在这样一种方法，可以令人一眼看穿烹饪的一般原理呢？一旦对此有所领悟，剩下的只要像纺线一样牵动线轴，就会有无穷无尽的料理花样接连不断滚滚而出……

俗话说，"一方水土养一方人"，世界各地的美食也就随之有着千变万化的姿态。然而在云游各国、大吃八方的过程中，美食带给我的惊喜却越来越少。原来，料理本同宗，世界是一家，四海皆兄弟。归根结底，人的营生是相近的。虽说水土为人们提供了不同的食材和佐料，烹饪方法本身却大同小异。写到这里，我不禁认为，发现烹饪的一般原理或许易如探囊取物，也未可知。仅通过为数不多的实例，从笔者擅长的特立独行的理论中强行引出烹饪的一般原理，并将其呈现在各位读者面前，这便是本书的意旨。若说胆子大，确实是胆大包天。而且也再没有哪位作者比我脸皮更厚了。但如若可行，这必将成为无上的美食美事。

1980 年夏

玉村丰男

目　录

料理的花样

1 阿尔及利亚式炖羊肉

这道菜是我在阿尔及利亚学会的。

那是十几年前的事了，当时我正游荡在阿尔及利亚南部的撒哈拉沙漠附近。只有行囊在身的我，一面搭车向北前进一面试图越过边境前往突尼斯。不用说，开在此等荒郊野外的车辆少之又少。说是搭车前行，那天我徒步走过的路要比乘车经过的距离更长。最终落得在很像沙漠、偶有灌木生长的荒野露宿。幸运的是，夜半三更有一辆汽车不期然驶过，头灯照见了躲在路旁土管中，因夜间气温骤降的半沙漠气候而在大夏天瑟瑟发抖的我。司机在惊讶之余紧急停车，还亲切地把我载回他家过夜。得救了。翌日早晨谢别那户人家，我继续步履蹒跚地走在通往国境的路上。时近晌午，这次是被路边的阿尔及利亚人叫住了。这一带比邻边境城镇，可见到绿色，称之为绿洲虽然言之过甚，但路旁也是有小河流水的，河边有看上去凉爽宜人的树荫。几个年轻小伙子正凑在那里准备野炊。其中一人向炎炎烈日下踉踉跄跄的我搭话。兴许是我看起来饥肠辘辘，他表示要给我饭吃。我欣然接受了。不是看似饥肠辘辘，我是当真腹中空无一物了。

在形似七厘炭炉（应该说俨然就是日本的七厘炭炉）的土灶上，炭火已经烧得通红。

小伙子在那上面架起一口歪七扭八的铝制深锅，拿出一大瓶色泽金黄、味道应该很浓郁的橄榄油咕咚咕咚倒进去。接着，他从袋中掏出大蒜去皮，然后拿在手上直接用小刀将一整头蒜削成小片投入油中。

油锅沸腾了。

蒜片周围咕嘟咕嘟冒出小泡，白色的轮廓渐渐变黄又变褐，一股香气勃然升起，四下弥漫。这时，小伙子又从袋里取出带骨羊肉随意放入锅中。羊肉事先连骨一起被剁成了适当大小（话虽如此，块头还是相当大）。

羊肉全部下锅后，他端起锅摇晃起来，一边让橄榄油均匀地挂在肉块上，一边翻炒。等肉的表面呈现出焦色，他撒入了大量赤红色辣椒粉。看似是将红辣椒用碾子碾成的细粉在这边的市场上销路颇好。这种具有独特香气的调味料在阿尔及利亚菜中不可或缺。随后，小伙子再次摇锅使其充分混合，并从方才的袋里拿出三四个熟透的红艳艳的番茄。他将梗拧去丢入河中，然后直接在锅子上方用手捏碎了番茄。鲜红的汁液在褐色的指间崩裂开来，落在锅里，染红了羊肉。

随后，他从袋子里摸出两个大土豆（这口袋真是应有尽有），用小刀剥皮、切成四块（不必说，这次仍是空中作业），下了锅。这时撒上两撮盐，再摇一次锅，便盖上盖子交给炭火处置。烧得通红的炭火逐渐由旺转弱，自然而然变成文火。这种做法正是借用火势变化将羊肉一点点炖透。

我们围坐在岸边的毛毯上，边喝茶边聊天。大约过了三四十分钟——

"起锅了！"

掌勺的青年突然说道。

料理的四面体

我掀开锅盖，果如所料，美妙的香味扑面而来。我连忙擦掉眼镜上的水雾，发现羊肉已经炖得烂熟，土豆则吸满汤汁，看上去非常美味。一目了然——正是当吃的时候，于是我们把菜分进小碟品尝起来。膻味全无的羊肉和香气四溢的番茄辣椒汁浑然一体，除了"绝佳"一词，再找不出更合适的字眼来形容那醇厚的味道。

后来，我曾屡次尝试再现这道菜。

理所当然，再现有缺憾。

在仿若沙漠附近的绿洲树荫下，大家在小河岸边围锅而坐，那种感觉豪爽而又纤细。这种美无法在日本还原。或许这道菜的美味绝大部分取决于"舞台设置"，正因如此，那种欠缺才无以挽回。

但至少在余下的范围内，我想在东京的都市密室中逼近当时的味道与氛围。为此我进行了多次挑战。

七厘炭炉由燃气灶顶替。

改用非天然的人工精制橄榄油。

断骨鲜羊肉换成了新西兰无骨冷冻羊肉。

至于辣椒粉，由于日本产辣椒的香味不同，又搞不到阿尔及利亚货，于是用墨西哥辣椒面取而代之。

大蒜和土豆买附近菜市场的即可。但熟透的番茄，尤其是熟到屁股根通红的那种，无论如何也要弄到手。罐装或瓶装的水煮番茄，番茄泥还有番茄酱，这些都不行。

如上所述，工具和材料与在阿尔及利亚时的相差悬殊。至此，成品与真品会大相径庭已可确实预见，尽管如此我仍然决定知难而上。

关键在于烹饪技法上的豪气。

唯有这点我能模仿得与当时毫无二致，而这点亦是重现这道菜的味道与氛围的重中之重。

用眼估量着滚滚倒入橄榄油，再用刀草草削落大蒜，最后将肉块豪爽地投入锅中（话虽如此，气氛终归是气氛，如若投势过猛恐有溅油之险）。接下去便是不使用筷子，整锅整锅地晃动翻炒。

番茄要徒手捏碎这一步骤同样至关重要。

料理的四面体

说酱和泥不行就是这个缘故。软趴趴、毫无抵抗感可言的水煮番茄亦不合格。虽说要的是熟透的番茄，它却也是活生生的，临下锅前将其徒手捏碎的感觉新鲜又充满野性——这样一来，才能在一如往常的厨房中摘获非日常的瞬间。

　　番茄溃裂、汁液尽出，残留于掌间的果实、种子和外皮同样就势丢入锅中。这样一来，煮透的炖肉中便混有细长拧曲的番茄皮。享用菜肴时，将其择在碗碟一隅即可。这又是一种野性的味道——用心去感受最为可贵。

　　由于使用煤气而并非炭火，烧开锅后切记将火调小，之后便只需不时摇锅。所以开盖搅和这种事就不必了吧。耐着性子不去掀盖，30分钟后首次开锅，美妙的香味一窜而起时，那个瞬间又是一种享受。

2 蓬巴杜风情羔羊背肉

使用羊肉、大蒜、辣椒粉、橄榄油制作，再加上手抓的吃法，阿尔及利亚炖羊肉野蛮而强烈的风格，容易使人联想身处沙漠地带的阿尔及利亚男儿的荒蛮料理。然而，料理、烹饪实为心灵写照，若将对香辛料的好恶置于一旁，这种做法豪迈的菜肴当中才真正秘藏着纤细的味道。乍看之下单纯至极、随意之至的烹调工序中，蕴藏着能够衍生出各式菜色的无限可能性。

例如这盘"野蛮""强烈"的阿尔及利亚式炖羊肉与"高雅""洗练"的法式蓬巴杜风情羔羊背肉（côtelettes de mouton Pompadour）之间，其实只隔着一层薄纸。

就从这道名字拗口的法国菜的制作方法说起吧。

首先煎羔羊背肉（côtelettes de mouton）。

所谓羔羊背肉，说得明白些，就是带骨羊肉。法语写作côtelettes的这部分，指的是将里脊连同肋骨一并厚厚切下的肉。mouton指的是羊。法国人通常将猪、羊之类的里脊肉带着肋骨一起烹饪。而且不论怎么烹饪羔羊背肉，做出来的菜都写作côtelettes，不会在前面加上煎炒烹炸等做法。或许日本人最初见到的羔羊背肉

恰好是裹上面衣油炸的，于是反倒发明出以油炸方式烹饪羊排的料理。这就是为什么 côtelettes de porc 这句法语在英语里还是 pork cutlet，到日语中就变成"炸"猪排了（トンカツ，トン指猪肉，カツ则是 cutlet 的缩写）。

具体在做这道菜的时候，带骨羊肉要用黄油来煎。在法国，面向地中海的南部地区通常使用植物油（橄榄油）烹调，西南部地区则大多使用猪的背脂（lard，猪油），而在包括首都巴黎和食都里昂在内的主要地域，黄油才是基本原料。一般来说，做法国菜时说到煎，就是用黄油煎。

首先，等大块黄油在厚实的平底锅中融化。然后放入肉排，用旺火迅速将两面煎至焦黄。火候一到，便将肉取出，在加热过的大圆盘中摆成圆形。还要裁下白纸做成装饰，点缀在骨头前端。

其次，将事先准备好的马铃薯可乐饼（croquette de pomme，并非日式的扁平椭圆形，而是像胡桃一样的小球）在盘子中央码成"金字塔"，再在盘子的最外沿把用黄油蒸煎过的朝鲜蓟鳞茎根块（fond d'artichaut，呈小小的圆盘状，淡绿色）摆成"皇冠"。这样，就有了蓬巴杜风格。

最后，在刚才煎过羊肉的平底锅里倒入少许用小牛肉熬出的高汤（bouillon）后起火，刮掉粘在锅底的黄油并使其与高汤充分混合。起锅后洒入马德拉酒提香，最后将做成的调味酱汁盛在另一盘中，与之前的大盘一起上桌。

以上便是蓬巴杜风情羔羊背肉的大致做法。

听完上述做法，人们大抵会觉得法国菜做起来如其所料，既错综复杂又充满文化气息。然而仔细整理一番并按照工序一步步追寻下去，便会发现做这道菜的关键之处与阿尔及利亚野炊如出一辙，不过这种本质被丛生的细枝末节遮掩了起来。

把肉嫩煎，再淋上某种调味酱汁来吃——这就是法国菜最基础的烹饪方法之一。

通常来说是将煎好的肉盛盘，然后在平底锅中加入葡萄酒、肉汤、鲜奶油等原料，并将锅中剩余的油脂、肉汁刮净混合，稍微熬一下做成调味酱汁，淋在肉排表面再享用。

简而言之，将弃之可惜的肉汁回收利用是制作调味酱汁的基本精神。

"法国菜的生命在于调味酱汁。调味酱汁有着几十种甚至几百种做法，想要将其中的秘诀修炼至炉火纯青则需几十年。"

——摘自某烹饪解说书。

这句话讲得一点不错，不过在它面前亦不需要缩手缩脚。调味酱汁是一种在家里就可以简单调制的东西。虽说它拥有许多复杂的变种，但是并非行家里手的我们没有必要去追求登峰造极的境界，更不必担心自己的失败会断送法国菜的生命。纵使调味酱汁有几百种之多，也没有理由因为无法全部掌握而耿耿于怀。如果被告知一定要将各种难以辨识的调味酱汁名称一一记牢，将制作方法全部录入记忆，并将名称与做法时刻悬于意识之中，即刻在手中重现，的确头疼。不过——大饭店里的主厨和调味厨师（saucier）暂且不论——对于咱们这些普通人是不会有谁这样强人所难的。

其实，若不去纠结名称和来头，只要对基本步骤略知一二，外行人也能够即刻做出二三十种不同的调味酱汁。不止如此，二三十种其实不算什么，说能做出一百种甚至一千种也不为过。这不是在开玩笑或者夸大其词，是实话实说。

往煎过肉的平底锅中倒入"汤汁"，并将粘在锅上的油脂、肉汁刮落混合，这在法式烹饪语言中被称为"除霜"（déglacer）。用于除霜的"汤汁"既可以是红酒、鲜奶油，也可以是肉汤，总之不拘一格。换句话说，只要改变"汤汁"的材料即可做出各式各样的调味酱汁和调味酱。

用葡萄酒除霜便是葡萄酒调味酱汁，用鲜奶油除霜便是鲜奶油调味酱汁。

如法炮制的话，转眼之间便可以扩充调味酱汁的花样。想必各位读者已经心领神会了。没错，葡萄酒也是有很多品种的。使用马德拉酒便能做出马德拉汁，使用雪莉酒做出的是雪莉汁，使用波尔图酒便得到波尔图汁，大致如此。而在使用鲜奶油时，加入洋芥末便制成芥末酱，加入芝士粉则调出芝士酱。

使用肉汤后，调味酱汁的种类还能得到进一步扩充。肉汤可以选用小牛骨熬制而成的汤（fond），也可以使用熬好的鱼汤（fumet），不论哪种都能够带来全新的调味酱汁。将不同种的肉汤混合，更能够飞跃性地拓展调味酱汁的种类。例如将小牛骨汤与鱼汤混合，或用虾汤代替鱼汤，等等，等等。

若将酒、奶油、肉汤这三种"神器"混搭在一起，调味酱汁的花样又会成倍增加。要是在此基础之上进一步加入蔬菜等其他原料，在制作调味酱汁这方面就算是上道了。

例如，在平底锅中重新加入黄油、洋葱末（若能搞到 échalote,

　　　　　　　　　　　　　　　　　　料理的四面体

也就是红葱则更为理想）和白蘑菇（champignon）的薄片，翻炒后倒入少许肉汤，最后加入奶油收汤——如此一来，一盘地道的调味酱汁就完成了。不过，去超市采购时可能会发现白蘑菇的价格过高，难以下手。这种时候其实不必放弃做法国菜，可以改买一袋便宜的口蘑。如果顺便再从"今日特价·推广销售"柜台购买一袋冻虾，就正好可以拿来制作酱汁。用黄油翻炒洋葱末和口蘑，与此同时再准备一口小锅给虾解冻。化冻后，把虾连同虾汤一起倒入平底锅，再加入大量鲜奶油（也可用牛奶代替，但应尽量选择烹饪用无糖奶油）。搅匀后，将做成的酱汁满满地浇在煎好的小牛肉上（猪肉亦可）。配菜就用黄油炒一下（或先焯再炒）添在主菜旁边。这样一来，一道像模像样的法国菜就做好了。尽管一如在东京公寓里重现的豪爽沙漠料理，这法国菜和"正品"之间也有差异。要是不知道如何称呼这样做成的调味酱汁，那就即兴发挥起个名字吧，例如"sauce crevette au champignon japone peacock"，这个名字怎么样？翻译过来就是"孔雀式和风蘑菇小海虾酱"。

　　和风蘑菇即口蘑，孔雀是超市的名字。参考家附近超市的名字，叫"海洋棠式"也罢，"夜鸣莺式"也罢，怎样都好。[1] 这个名字不是很响亮嘛！

---

[1]　译注："海洋棠"和"夜鸣莺"是日语"华堂"（伊藤洋华堂商场）和"Seven-Eleven"（7-11便利店）的谐音字。

*

说起来，菜品的名称会随酱汁种类的变化而变化。

以羔羊肉为例，同样是嫩煎肉排，淋上马德拉汁叫"嫩煎羔羊肉佐以马德拉汁"，淋上奶油酱则取名为"嫩煎羔羊肉配奶油酱"。我们知道，这是两道公认的不同菜肴。

换句话说，只要能调制出数十种酱汁，即使用同一块肉排也能够做出数十种不同的料理。

以此类推，如果改变肉的种类，菜品种类自然就会成倍增长。

假设身边有以下 8 种原料：

1. 黄油
2. 小麦粉
3. 洋葱（或圆葱、冬葱等）
4. 口蘑（或白蘑菇、香菇等）
5. 小海虾
6. 葡萄酒

7. 鲜奶油（或牛奶）

8. 浓缩汤料（或小牛肉高汤）

材料／调味酱汁名称	浓缩汤料	鲜奶油	葡萄酒	小海虾	口蘑	洋葱	小麦粉	黄油
小海虾蘑菇白酱 A	○	○	○	○	○	○	○	○
小海虾蘑菇奶油酱	×	○	○	○	○	○	○	○
小海虾蘑菇红酒汁	○	×	○	○	○	○	○	×
小海虾蘑菇牛骨烧汁	○	○	×	○	○	○	○	○
蘑菇白酱	○	○	○	×	○	○	○	○
小海虾白酱	○	○	○	○	×	○	○	○
小海虾蘑菇白酱 B	○	○	○	○	○	×	○	○
小海虾蘑菇白酱 C	○	○	○	○	○	○	×	○
☆	○	○	○	○	○	○	○	×
小海虾蘑菇红酒汁	×	×	○	○	○	○	○	○
小海虾蘑菇天鹅绒酱汁	○	×	×	○	○	○	○	○
小海虾蘑菇贝夏媚白酱汁	×	○	×	○	○	○	○	○
☆	×	×	×	○	○	○	○	○

前一页的表格列出了混合搭配各种原料之后，调味酱汁所具有的可能性。

根据使用的原料（○）与不使用的原料（×）来排列组合，会做出拥有什么名称的调味酱汁呢？除去实际操作中困难的搭配和无法做成酱汁的搭配（图表中标☆的部分），根据笔者的推算，这 8 种原料总共可以做出 112 种调味酱汁……

将这 112 种调味酱汁分别浇在牛肉、猪肉和鸡肉上，就有 336种花样。算上羊肉，便是 448 种。与煎鱼肉块组合后，更达到 560种。不止如此，由于和鱼肉搭配时菜品的名称会随鱼的种类改变，这样一来，料理的种类便可轻易超过 1000 种。

"用黄油煎（鱼以外的）肉类，并在煎过肉的平底锅中加入少许材料和汤汁，再把如此做得的调味酱汁浇在肉（此时也可以是鱼）上"——1000 多种料理全部是由这种极其简单的基本技巧派生出来的。

在此基础上，如果把肉排单独放在网上用明火烤，就可以单独用平底锅制作调味酱汁（不含肉汁，但仍然可以在放入黄油后加入其他材料），并浇在肉排上。如此一来，又会有 1000 多种新料理诞生。

　　　　　　　　　　　　　　　　　　　料理的四面体

例如，用白蘑菇酱搭配用网烤制的小牛肉，就做出了"网烤小牛肉配白蘑菇酱"，这与用平底锅煎制而成的"嫩煎小牛肉配白蘑菇酱"是两种不同的菜。这样想来，如果把烤肉换成炖肉又能多出1000多种。再顺着炖肉的思路，如果把肉和调味酱汁混在一起烹饪，也就是在煎过的肉上直接加入其他材料和汤汁炖煮，还能增加1000多种。如此一来，烹饪的花样就会如同滚雪球一般倍增下去，转眼之间料理的种类就超过了4000种。

3 佛罗伦萨风情烤牛排

如果去意大利佛罗伦萨，有一道菜非吃不可，那就是"佛罗伦萨风情烤牛排"（Bistecca Alla Fiorentina）。佛罗伦萨大街小巷的餐馆里大都有这道菜。店头挂的菜单上用意大利语大写着"BISTECCA ALLA FIORENTINA"，后面标有例如"ETTO 800 LIRE"的价目，意思是每100克800里拉。旁边通常还会注明"一份限300克以上"，也就是说，每份要超过300克并以100克为单位收费，想要多大的份都烤给你。

这种牛排可以说极其单纯、豪爽，就是在硕大的生牛排上撒盐，然后架在熊熊炭火上烧烤，仅此而已。

牛排被强烈的火焰烤出表面散发木炭焦香的外壳，美味的肉汁全都裹在里边。然后将这块大家伙砰地放在盘子上，搭配切成四瓣的柠檬就可以端上顾客的餐桌了。食客们则将柠檬汁挤在刚烤好的牛排上再享用。

仅佐以盐和柠檬做得的牛排口味清淡，虽然超过 300 克，却似乎的确能在不知不觉间被吃得精光。

若将牛肉换成竹荚鱼，柠檬换成酱油，佛罗伦萨风情烤牛排就摇身一变成了盐烤竹荚鱼。直接拿酱油和柠檬来对比恐怕让人有些难以接受，不过在中和油腻、使口感清爽这一点上，两者的作用是一致的，所以一如鱼变成（牛）肉，酱油会随着地域的变化变成柠檬汁也就不足为奇了。反过来说，在烤肉上面淋酱油也十分美味，烤鱼只搭配柠檬汁吃起来同样很香（香鱼佐以蓼醋就是这种搭配的变种）。其实这两种吃法大家再熟悉不过了，在此列举只是思路使然。

不论是吃烤鱼还是吃烤肉，少了酱油和柠檬汁总会让人觉得有所欠缺，但只要有盐在，就统统能下咽。

说起来，原始人本来只会用火烘烤肉块，进食的时候不加任何调料。当他们获得贵重的食盐，并将其涂抹在肉上烤来吃的时候，是否对口中的美味大吃一惊呢？尽管除了盐他们还没获得任何现今

料理的四面体

的调味料，但食物的味道依然得到了升华。而且，原始人学会为肉类添加盐味后，烤肉的花样一下子翻了几番。

换句话说，在那以前他们可能只会"素烤野猪""素烤水鸟""素烤青蛙""素烤大蒜"，但在得到盐后，他们的食谱中加入了"盐烤野猪""盐烤水鸟""盐烤青蛙""盐烤大蒜"等新菜。

盐在拉丁语中写作 sal，法语中是 sel，英语中是 salt。盐正是法语和英语中的 sauce，即调味酱汁的拉丁语词根。换句话说，盐是人类最早获得的"调味酱汁"。

后来，人类有的得到了柠檬，有的得到了酱油，或者兼得两者，还有其他类似的诸多材料，于是料理的花样也像滚雪球一样增加着。再过几十代人之后，贝夏媚白酱汁（Béchamel sauce）、波尔多酱汁（Bordelaise sauce）、牛骨烧汁（Demi-glace sauce）、南迪亚虾酱（Nantua sauce）也好，伍斯特辣酱（Worcestershire sauce）、美乃滋蛋黄酱（Mayonnaise sauce）、塔塔酱（Tartar sauce）也好，还有其他一切可以想象到的、以想当然的方式命名的复杂至极的无数调味酱汁，已开始在这世间横行。

4 勃艮第红酒炖牛肉

就烹饪的基本技法而言，与"烤"相对的是"炖"。

所谓炖，简而言之就是将简单处理过的肉（当然，鱼和蔬菜也可以，但是——分门别类过于烦琐，所以统称为"肉"）连同汤汁一起放入某个容器，使其在汤汁中接受火的洗礼，而非料理之后添油加醋。

如果先将牛肉烤好，再淋上单独做成的红酒汁，便完成了"烤牛排配红酒汁"。但是，如果咕咚咕咚地把红酒倒进一锅牛肉里炖煮，做出来的便是"红酒炖牛肉"。

具体来说，就是把牛肉切成适当大小放入锅中，再一口气倒入红酒。不过全部使用红酒来炖就太浪费了，因此要掺入一定比例的水或者汤，然后用大火煮。锅子烧开后，换成文火再炖数小时。

这样一来，红酒炖牛肉就做好了。

可是这样干炖实在了无情趣，于是人们又加入了盐和胡椒等必不可少的调味料，以及胡萝卜和土豆等蔬菜。这样炖好之后就更像是一道菜了。

　　　　　　　　　　　　　　料理的四面体

不过，所谓炖，也是一个将肉里富含的精华（或者说鲜味）释放到汤中的过程。通常来说，由于吃炖菜的时候会连汤带肉一并吃光，所以不论精华是在肉里还是肉外，最终都会进入我们体内，殊途同归。但若处理不当，却很可能变成汤的鲜味十足，肉却干巴巴的毫无滋味。

于是人们想出了一种方法。

在把肉浸入汤中以前，先用大火迅速将其表面煎焦。这样一来，就在肉的表面形成了一层"保护膜"。有了它，就算在汤里炖得再久，也可以防止精华彻底流失。

有人怀疑，这种技术在法国以外长时间无人知晓，因为这道工序——rissoler，仅将表面煎焦——是法国菜里炖煮食物时必不可少的准备工作。

但那位阿尔及利亚青年就扎实地执行了这道工序，这并不是他从法国菜中学来的，尽管阿尔及利亚曾长期被法国殖民。世界各地的人们各自发展出了这项技术。阿尔及利亚人一定也是从独自的经验中懂得了这道工序的必要性。

当时那道在野外做的阿尔及利亚菜，是将汤汁（也就是番茄汁）

浇在煎炒过的肉上，然后在同一口锅里炖煮，所以那道菜应该属于炖煮（stew）的范畴。

如果当时把煎过的肉盛入盘中，再向余下的油和肉汁中挤入番茄汁，并将煮好的东西浇在肉上，它就会变成名叫"沙漠风情嫩煎羊肉配辣椒番茄汁"的另一道菜（只不过这么料理的话应选用质地更软的肉，或将肉切得更薄）。

要是将番茄汁、辣椒粉和大蒜换成小牛肉高汤和马德拉酒，再用黄油替代橄榄油，这道菜瞬间就会变成煎羔羊背肉。如果进一步用纸带装饰羊骨的前端，土豆不是用水煮熟而是做成可乐饼，并且漂亮地堆积起来，把盘子装点成"王室"风格，那么在菜名的末尾冠以蓬巴杜侯爵夫人的华名，装模作样一番也未尝不可。

到此为止，是否可以这样总结呢：再复杂的菜，其基础部分也是由极其简单并且为数不多的要素搭建而成的，这些要素的排列组合像滚雪球一样，让料理这棵大树有了繁茂的细枝末节。

那些细枝末节自然是数之不尽的。如果一定要对每一枝、每一叶都如数家珍才算达到烹饪技法的根干，那么不论何等超凡脱俗之人都无法做到。因此厨艺爱好者们要明白，至少要具备不被过分耀眼的菜肴名称压倒的魄力。

那么就以"Boeuf Bourguignon"这道菜为例吧，这句法文的意思是勃艮第红酒炖牛肉。首先，让我们来看看当代法国烹饪界的宠儿保罗·博古斯如何在其著作中介绍勃艮第红酒炖牛肉吧。下面是正统的博古斯派做法：

原料（供 6 人食用）：

牛腰肉，1500 克；带皮猪背白肉，150 克；培根，200 克；小牛腿，一条；白蘑菇，400 克；珍珠洋葱，24 颗。

黄油，100 克；小麦粉，两大匙；干邑白兰地，100 毫升；勃艮第产高档红酒，150 毫升。

几根欧芹，百里香、月桂叶若干。

首先，在牛腰肉中嵌入猪的白肉（使用特殊工具在红肉的缝隙里嵌入切细的白肉，目的是使牛腰肉看似雪花牛肉）。撒上胡椒和盐之后移入深皿，倒入白兰地和红酒，再添入香料，腌上 3 个小时。同时，将小牛腿焯一下，并用绳子绑好。另取牛骨劈开。3 小时后，将牛肉从红酒和白兰地里取出并沥净，在融化了黄油的厚底汤锅里煎焦表面。

接着，将煎好的牛肉放入另一容器，并向锅里倒入小麦粉，一边不停搅拌一边翻炒。注意不要炒糊，整体炒成黄褐色即可。小麦粉炒好后，向锅中倒入汤汁，也就是事先备好的小牛肉高汤，还有刚才腌过肉的红酒和白兰地。将之前盛盘的牛肉放回锅里，并随香料一起放入小牛腿、牛骨、焯过的猪皮（不带白肉）以及白蘑菇的根部，随后盖上盖子，把汤锅放进烤箱，用低火模式炖 4 个小时（汤应恰好没过所有材料）。同时，将培根切成一厘米见方的小块，焯一下，放进平底锅用黄油炒。盛出炒好的培根，再在同一口平底锅里放入珍珠洋葱，炒到色泽漂亮为止。

最后，把已经在烤炉里待了 4 小时的汤锅取出，捞出牛肉和小牛腿，并用细网过滤余下的汤汁。把滤过的清澈汤汁重新倒回锅里，再放入牛肉、小牛腿切成的大块，以及刚才炒好的培根、珍珠洋葱和去根白蘑菇（蘑菇是生的）。把汤锅盖上锅盖放上炉灶并点火，煮开后，再把锅放回烤炉，用小火模式慢炖约 1 小时。其间，汤汁预计会减至 600 毫升，变得浓度适中。起锅后对味道进行细微调整。取一大口深皿，先于正中放牛肉，然后在周围整齐码放其余材料，最后从上方将全部汤汁，也就是调味酱汁浇入皿内，上桌。

如上所述，从准备阶段算起，历经 8 个小时的奋斗，一道正宗的顶级法国菜终于完成了。

那么，我们究竟能将这道菜简化到何种程度呢？

在大幅限制可购得的食材、手头的工具以及最为重要的厨艺后，我们如何才能再现不负其大名的勃艮第红酒炖牛肉呢？比起再现阿尔及利亚野炊，制作难度恐怕只高不低。不过，还是先让我们一试身手吧。

5　庶民版红酒炖牛肉

从博古斯先生那里拜借来的是以下三个步骤：

1. 事先用酒等液体腌制（mariner）肉。这道工序可以使肉质松软，并使其具有香味，是必不可少的一步。

2. 将肉的表面煎焦（rissoler）。

3. 将煎好的肉倒入锅中，添入之前的腌料和肉汤，烧开后用文火长时间炖煮。

只有这三步。

至于食材，猪的白肉（还要带皮）和小牛腿在日本难以搞到，因此不用。所以要尽量选择带肥肉的牛肉。此外，若能从商家那里搞到剁碎的牛骨就再好不过了。干邑白兰地这种奢侈品就不用浪费了，但是要买一瓶红酒。虽说要打出"勃艮第"的招牌，使用勃艮第出产的红酒才算正统，不过改用国产红酒，也姑且可以吧！

严格主义者们或许会认为，不使用勃艮第产的红酒就不算勃艮第红酒炖牛肉，但是这样一来，蔬菜也非得用白蘑菇和珍珠洋葱不可了，培根也是必加的，否则难称"勃艮第"。毕竟，和肉类一起烹饪的蔬菜与当地风土一脉相承，因此将勃艮第地区日常收获的白蘑菇和珍珠洋葱，以及培根肉丁组成的一套配菜称为"勃艮第风情配菜"（Garniture）。只要做的是勃艮第风情菜肴，都必须随勃艮第风情调味酱汁一起添入这些配菜。

然而，并不需要这样循规蹈矩。

实际上，在法国的平价餐厅里，葡萄酒虽产自勃艮第（而且是一瓶 300 日元左右的低价酒），但并不用培根、珍珠洋葱和白蘑菇，取而代之的是胡萝卜。更有甚者会端出完全没有蔬菜的版本，也敢叫勃艮第红酒炖牛肉。

因此我们也"东施效颦"。学习平价餐厅的做法，彻底实行节能主义后，这道菜所使用的原料如下：

牛肉，人均约 200 克；黄油，4 人吃约需 1/8 磅（约 56 克）。
小麦粉，适量；红酒，一瓶（家有好酒之徒的买两瓶）。

百里香和月桂叶各一枚。

有这些就够了。

之后只要完全按照规定的三个步骤去做，勃艮第红酒炖牛肉的庶民版就做好了。在此基础上，如果加入培根（薄片亦可）和普通洋葱的切片，便进一步贴近了勃艮第风情。若是连白蘑菇都有，那就是最上等的了。一边喝着剩余的红酒一边动筷子，嗯，相当不赖嘛!

咱们做的时候，一开始便要将牛肉切成大小易于食用的块状，然后再用红酒腌制。腌一个小时足矣。百里香切末，月桂叶则在肉炖好后拣出去丢掉，这样就省去了过滤调味酱汁的麻烦。不用烤炉，而是用燃气灶这点已无须说明。器具方面，准备一个腌制的大碗、一口汤锅和一台燃气灶就够了。视肉质和肉量而定，给 4 个人吃的炖两三个小时即可。只不过，如果在炖肉的时候频繁掀开锅盖会放跑酒香，所以切记不要打开（同时要注意避免糊锅）。

简而言之，这道菜的烹饪步骤会给人一种与之前那道阿尔及利亚式炖羊肉区别不大的感觉。

勃艮第红酒炖牛肉这个名字听起来潇洒，原本不过是勃艮第一带的平民料理。现在也属于近似家常菜的范畴，经常出现在大众餐馆。从前，这道菜还要朴实得多得多，一般是这种情形：贫苦农家的主妇发愁当晚菜色，而且牛肉又老又硬，烤了也嚼不烂啊。怎么办？炖了吧！于是不管三七二十一浇上红酒"泡发"（红酒是自家酿的，不要钱）。就这样，清早务农前把红酒浇在牛肉上（marinade，腌制），3 个小时后回家准备午饭时顺便用黄油（黄油也是自家制的，不要钱）煎一下（rissoler，煎制，知道这样能让肉变美味就是主妇的智慧了）。厨房一角的锅里有去年饲养的小牛夭折后取其骨头熬成的汤，打那以后一直烧开保存至今。于是唰地舀起一勺倒进肉锅，然后把锅放在灶台旮旯里又下田去了。用灶台旮旯里的小火焖上 4 小时，傍晚收工回来，火候刚刚好。靠谱的农妇从田里摘回了小洋葱和白蘑菇，把这些和培根（培根一直窝在厨房里不起眼的地方，时不时还绊人一跤）一起炒了放进刚才的锅里。之后一家人凑在一起，边啃剩香肠和剩菜（相当于一套西餐的前菜）边喝红酒。一个小时过去了，恰逢此时，勃艮第红酒炖牛肉登上餐桌——就是这么一回事。制作时长也和用博古斯的做法花费的没有两样嘛。

6 "牛肉炖甲鱼"

烹饪的基础做法是相同的，不同的只是根据风土习俗采用不同的食材。

在黄油、红酒和白蘑菇唾手可得的勃艮第地区做出的是勃艮第红酒炖牛肉，在盛产橄榄油、大蒜和番茄的阿尔及利亚做出的则是番茄炖羊肉。

那么，若将同一方法应用在日本又会怎样呢？如此运用想象力，便是拓宽料理种类的诀窍。

说到与那些地区最廉价的肉类（牛羊肉）相对应的日本食材，便是（最近价格高涨但就传统而言很便宜的）鱼肉了。不过，日本也因是"神户牛肉"的产地而在世界上广为人知，所以我决定使用牛肉。

而与法国红酒相对应的，果然非日本清酒莫属了。

这样一来菜名就初步定下了："清酒炖牛肉"。不过这种料理当真可以下咽吗？就让我们无所畏惧勇于尝试吧！

这种"无所畏惧、勇于尝试"的精神丰富了菜肴的种类，提升了烹饪的技艺。硬要比喻的话，就像第一个吃海参的人正是被这种精神孕育出的，从而成为引领人类走向新天地的一代功臣。

所以不要害怕。先将牛肉切成较小的，没错，两厘米见方的小块（和风料理有必要用筷子夹着吃），然后用清酒腌制，30分钟即可。

腌制 30 分钟后用油煎。类似这种用油煎炸的技法，原本是从南蛮[1] 引入的，与日本的饮食习惯合不大来，不过如今的日本人已经通过以天妇罗为代表的食物完全吸收、掌握了煎炸技术，所以在此我们就用油煎。油可以选用大豆白绞油，使用超市出售的色拉油也可以。

　　把油倒入锅中，先将牛肉粒表面煎焦。

　　之后向锅里倒入腌料和汤汁（即是由海带和鲣鱼干熬成的和风高汤），用小火煮上一小时，把肉炖透。中途可以添入大葱。

　　那么，用这种方法究竟会做出什么样的料理呢？

　　在制作日式炖煮料理时，经常会加入少量清酒以达到提香的目的。实际上，差不多所有炖煮料理都会用到清酒，但是，几乎没有哪一种将清酒作为主要汤料大量使用。不过作为例外，也有"炖甲鱼"这样一道菜。

---

[1]　编注：南蛮在日语中原本与汉语意义相同。从 15 世纪开始，伴随着日本与欧洲的贸易往来，日语中的南蛮便使用来指代欧洲大陆、东南亚以及葡萄牙和西班牙的人文风物。后文"南蛮醋腌西太公鱼"中的南蛮（见本书第 131 页），也是这个意思。

用甲鱼做出的菜肴兼具鸭肉的浓郁和鲷鱼的淡雅，可以说是将两者结合后除以二再乘上三的效果，极其美味且异常昂贵。但即便如此，甲鱼依然摆脱不掉爬行类特有的腥味，为除腥味需向汤中加入大量清酒和姜汁炖煮。

这一技巧在炖煮其他食材时同样适用，特别是在烹饪味道强烈的肉类时功效显著。对于一般百姓来说，甲鱼过于昂贵高攀不上，于是将鲶鱼切块如法炖之，还美其名曰"炖甲鱼"。这种做法是将鲶鱼充作甲鱼，一如落语《小民赏花》[1]中用腌萝卜顶替鸡蛋卷来吃的构想。但不论烹饪何物，将大量清酒和姜汁加入汤中炖煮这一方法本身，已被统称为"炖甲鱼"。

在厚锅中铺好海带，然后把烧豆腐横切成三份置于其上，再将清酒与水以四六比例混合后倒满一锅，用小火慢炖约一小时。最后用酱油调味后盛碗，并滴入两三滴鲜榨生姜露享用。如此料理即为"烧豆腐炖甲鱼"。如此做得的豆腐一旦冷却就会变硬、味道不佳，所以需趁热食用。而若佐以"洗葱"（摘自辻嘉一所著《豆腐料

---

[1] 编注：落语是一种日本传统曲艺，类似中国的单口相声。《小民赏花》（長家の花見）讲的是穷苦小民因下雨无法工作，趁此结伴去赏花从而发生的故事。在这个故事中，由于拿不出老爷们赏花时精心准备的物品，大家便用各种各样的便宜货来替代，其中就包括作者提到的用腌萝卜顶替鸡蛋卷。

理》[1]），烧豆腐升华的美味一定会令食者惊讶不已。

我遵循辻留大当家的指导制作了这道料理，果然十分美味。

参考这一实例，我认为"清酒炖牛肉"可以改称为"牛肉炖甲鱼"。

因此，我们在腌制牛肉时也要把生姜榨汁，随清酒一同添入腌料。何况生姜原本就被视作与花椒芽、鸭儿芹齐名的日式香辛料三大代表之一。炖肉时的汤汁也要按照清酒（腌料）四、高汤（或水）六的比例进行调配，以使这道料理更加符合"炖甲鱼"的规格。

7　炖猪骨

其实无须辛苦创作，日本本土已有现成的（与之前几道外国菜）非常相似的，使用酒精饮品制作且仿佛野炊一般豪爽的乡土料理。这便是萨摩[2]名产炖猪骨。

炖猪骨字面只写作"猪骨"，也就是猪骨头，但吃的并非骨头，而

---

[1]　译注：辻嘉一是怀石料理"辻留"的第二代掌门人。洗葱是一种处理葱的方式，需要将青葱沿尖头纵切成小片，然后裹上纱巾在清水中揉搓，出水后再用纱巾吸去多余水分。

[2]　编注：萨摩是日本古代地名和行政区划，一般指今九州岛宫崎县西南部以及鹿儿岛县全境。也可作为鹿儿岛县的雅称使用。

是附着在上面的五花肉。如果去鹿儿岛的肉铺，剁成适当大小的排骨会被贴上"猪骨"（とんこつ）的标签出售，而在其他大城市的超市里售卖时使用的名字就是排骨（スペア・リブ，来自英语 spare rib）。

直接用烤炉等设备烤排骨，再配上椒盐和柠檬汁，或者蘸酱油和其他佐料，咬起来确实美味。不过偶尔也可以尝试做一道炖猪骨。

先将排骨过油煎制。

完成这道煎制工序后，唰地往锅里倒入萨摩烧酒，量要足够大。这的确像是常喝烧酒而非清酒的古代萨摩人会想出的做法。烧酒属于蒸馏酒，所以清酒之于红酒，就像烧酒之于干邑。做法国菜时有这样一种技法：向煎过某物的锅中倒入干邑（白兰地），然后点火烧（Flambé）。这么做可以除去酒精，只留酒香。炖猪骨时则是倒入烧酒后用大火炖，同样可以使酒精迅速挥发。或者说，这种做法让锅中的酒精一燃而起，其实自发完成了"火烧"的工序。此时再添入大量味噌——严格主义者们恐怕又要发话了，既然是做萨摩炖猪骨，就一定要用萨摩烧酒、萨摩黑猪、萨摩味噌。不过嘛，味噌只要是中辣的，选身边有的即可。加入味噌后，放少许红糖或粗砂糖调味，用小火炖一小时左右（滴水不加），之后放入芋头和魔芋再煮一小时。此时掀开盖子，烧酒和味噌释放出的醇香挑逗着鼻腔，向锅中看去，带骨肉片在汤气笼罩下沸沸腾腾的情景一定令你垂涎欲滴。

原则上，炖猪骨要边饮烧酒边吃。一如吃勃艮第红酒炖牛肉通常要配饮勃艮第红酒，用酒烹饪时，喝相同品种的酒为好。

好了，这道就是萨摩名菜炖猪骨。从食材到做法一步步走下来，怎么样？完全就是勃艮第乡土料理红酒炖牛肉的兄弟菜嘛！我们也有着和他们相同的饮食财产呀。

8 Émincé De Porc

话说回来，刚才做成的那道"牛肉炖甲鱼"味道虽然不坏，却没有好到值得特地做来品尝。清酒和牛肉的味道总有些格格不入。

不过当我尝试滴入酱油后，两种味道一下子融合在了一起，非常不可思议。

对照法国菜反思一番，我发现问题在于没有使用酱油或者味噌这类日本料理中不可缺少的基本调味料。由于在炖真甲鱼时会加入酱油提味，因此还是应该最初就使用酱油。

　　　　　　　　　　　　　　　　　　　　料理的四面体

经过上述思考并对细节进行改良后，做法如下：

首先，将酒和酱油混合在一起腌肉。若酒的用量过多（也可能与清酒的品质不佳有关），肉会有奇怪的味道，所以酒的比例至多不能超过酱油的一半。取而代之可以加入少量味淋[1]。将生姜捣碎添入腌料后充分混合。

然后，向锅中倒入少量的油加热，除去牛肉上附着的腌料后煎制。煎好后，倒入酱油和清酒（或许放弃腌料、使用新料效果更佳）炖煮（除去酒精），然后用小火慢煮并留意不要糊锅（不再使用高汤）。

即将完成的这道料理俨然已经脱离了"清酒炖牛肉"和"牛肉炖甲鱼"的形式，而是更接近于佃煮[2]牛肉。从传统日本料理的角度来看，这样烹饪可谓顺理成章。

其实非要说的话，将牛肉切成块状并非日式做法。炖，或者说红烧金枪鱼和鲣鱼还好，如果要炖牛肉，块头要更小一些才像样子。

------

[1] 编注：一种甜口日式调味酒，金黄色，有祛腥和帮助食材入味的效果。

[2] 编注：一种日本传统烹饪方式，使用酱油、砂糖和水慢慢煲煮食材，直至汤汁彻底收干。有时也会加入味淋。如此做出的食物味道浓郁，甜味和咸味兼备。常用来处理海鲜和山珍。

但是自打牛肉寿喜锅问世以来，日本最流行的牛肉切法就数切成薄片了，那还不如切成这样有日本传统风格。

想到这里，炖牛肉的故事又有了新的篇章……

说起来，正因为将硬实的牛肉切成了厚厚的方块状，才需要花如此长的时间用小火炖煮。而为了防止长时间炖煮以致过度流失精华，才有了煎制这道工序。如果是用质软片薄的牛肉，其实短时间煎一下就足够了。这样一来便不再是煎制，而是嫩煎——表面煎焦时火力已抵达中心。即便厚达两厘米，如果是适合做成牛排的柔软肉质，迅速将表面烤过后即可淋上调味酱汁来吃，这样反而比花工夫炖出来的味道更好。

薄薄的牛肉片就更是如此了。

将肉在腌料（酱油、酒、味淋、生姜）里腌制，然后在平底锅里嫩煎并盛入盘中。再将腌料倒入锅中，对残留的油和肉汁进行除霜（用腌料将其溶解后充分混合），用中火烧开后煮上一会儿，作为调味酱汁淋在肉上。

这种做法应用了蓬巴杜风情带骨羊肉中所使用的法式烹饪的基本技巧。若将这道菜里的牛肉换成猪肉薄片，便可取名为"Émincé

de porc au gingembre"。

想必各位已经明白了：émincé 是薄片，porc 是猪肉，gingembre 是生姜，翻译过来就是"生姜烧猪肉"。[1]

舍此无它。

*

从"阿尔及利亚炖羊肉"出发的烹饪之旅，在经历了种种名称繁杂的作品后，终于由"炖猪骨"抵达了"生姜烧猪肉"。

虽说它们总在哪里稍有不同，但又必定在别的什么地方有着密不可分的共通之处。

追寻着共通之处不断旅行，便会发现因风土而异的景色不过是我们眼中千姿百态的同一个世界，而我们在经历过这一切后来到了同一个地方。

---

[1] 编注：生姜烧猪肉是日本家庭很常见的一道菜，做法简单，不太擅长下厨的人也能较快掌握。原本在印象上与西餐相去甚远。

如果紧紧盯住差异不放，这些菜肴将是互不相关、完全不同的东西，但如果沿着共同点看去——"阿尔及利亚炖羊肉"也好，"蓬巴杜风情羔羊背肉"也好，"勃艮第红酒炖牛肉"也好，"生姜烧猪肉"也好——各式各样的料理实为同一道菜。色即是空，空即是色。同一的本质往往会附和时间与空间的变化向人们呈现出林林总总的姿态，仅此而已。

如此去看待事物，天地之间也会开阔少许吧！

烤牛肉的原理

1 平底锅烤牛肉

虽然牛肉贵得很，不过偶尔还是想做一回烤牛肉尝尝。

关于烤牛肉的做法，已有许多"男性料理家"[1]发表了自创的烹饪方法。例如，O氏表示，将一块一公斤左右的牛肉抹上椒盐，盖上蔬菜边角料，放入微波炉烤10分钟，便可做出相当不错的烤牛肉；K氏称，将肉夹在两只平底锅中间，反复翻烤，就能烤得不错。不论哪位的见解都很高明，考虑到日本人厨房中厨具的种类，学会这两招足矣。因为普通家庭不可能将几公斤的肉块整个丢进烤炉去烤，平底锅无疑就够用了。先不说微波炉，因为它属于封闭式料理器具，这点无须多言；使用平底锅烤肉是将两锅对合起来把热量关在内部，本质上是采取了与烤炉（在家庭中往往是烤箱）相同的原理。

烤箱对日本人而言似乎算不上得心应手的厨具。有微波炉却没有烤箱，或者有烤箱却不常使用的家庭应该是大多数吧。

但在欧美家庭里，烤箱是生活必需品，少了烤箱就无法完成的

---

[1] 编注：由于在日本家庭中多由女性负责烹饪，并且更尊崇素材的多样化、营养的丰富均衡和细致的料理手段，因此逐渐衍生出与之相对的"男性料理"，特点是粗犷豪放，更注重分量与满足感，而且简简单单就能做出来。

西餐不在少数。

烤牛肉也罢，烤火鸡也罢，没有烤箱实在做不出来。

不只是烧烤，炖煮食物时西方人也常常使用烤箱：直接把锅放进烤箱，调节成弱火加热。不论主菜还是甜点，没有烤箱就做不出的东西很多。特别是对于常烤常炖的家庭，烤箱必不可少。

比如在巴黎，让我们走进一套中档公寓的厨房一探究竟。

面积谈不上宽广。但厨房一角摆着硕大的烤箱。烤箱旁边是案台，案台旁边是水池、灶台。

水池没什么特别的，但灶台和日本的不一样。

法国人做饭以用电为主，天然气为辅。因此多数家庭的灶台并非燃气灶，而是电热灶（既没有通燃气管道也不使用液化气罐的家庭，不如说是最普遍的）。

虽说是靠电热，但这种电热器却并非线圈式的。有类似线圈式的东西，但与电线缠绕在螺栓上发红光的日本样式不同，法国人用的是卷曲成蚊香形的金属条。实际上，相比日本的线圈式电热器，形同圆盘、通电后整体发热的电热器的普及率要高得多。

不管怎样，总归一句话，那边的厨房是不生"火"的。厨房里看不见火。烤箱内部虽装有烤架，而且是设计成用明火烤的，但是徒有虚名：那里不可能冒火，烤架只是贴近热源，靠"火力"烘烤。也有仅在上方设置火力的开放式烤箱（salamander，明火烤箱），但大同小异，一样不是真火。

因此，法国的厨房里是做不了中国菜的。

做日式烤鱼的时候，原则上要开大火力，用远火烤，所以不直接与火接触也可以，用电烤架不是不行。然而中餐的情况是，若不在燃烧的火焰上迅速完成翻炒就不会好吃。火舌从锅底朝四面八方攀上外壁舔到锅沿——在如此火势下翻炒，菜也罢肉也罢，精华外流之前便已在表面形成保护膜，将鲜味牢牢锁住（这也是"煎制"的原理）。万一火舌窜到油里进得比眼睛还高，也不要紧，火焰会吹飞多余的油分，去除酱油的发酵味道和酒里的酒精，只把香味保留下来（即 Flambé，"火烧"的原理）。（不过这些姑且不谈，首先，圆底的中式铁锅就无法在电热灶平坦的加热盘上放稳。）

其实法国的电热灶调到高温时相当之热，黑色的加热圆盘也会"发红动怒"，但是依然达不到火焰的温度，无法将中餐做得好吃。

　　　　　　　　　　　　　　　　　　　　　　料理的四面体

不过一般的法国人是不会想到在家里做中国菜的，所以不会做也无妨。他们的家常菜要么是在汤锅里咕嘟咕嘟炖出来的，要么是在烤箱里兹啦兹啦烤出来的，以这些为主，所以有那些厨具足矣。

但是话说回来，法式电热灶用不习惯的话相当难用。

毕竟圆盘靠电力升温要花时间。

想要大火，就把旋钮拧至"最强"一档，但是实际上需要从文火起步并经历中火，在得到理想的大火前要花不少工夫。

想要从大火降至小火的话，拧了旋钮之后从强到弱亦无法瞬间到位，一定要走过中火徐徐式微。

这种电热灶不似燃气灶那般随心所欲，却仿佛模拟出了自然火，即是木、碳或者煤等燃烧时所产生的火焰的特征。用这种灶台炖煮东西时，不能先架锅，而是要把炉灶使劲加热，变红后再放锅上去，然后迅速切换至小火。这样做是为了先用大火把锅烧开，之后慢慢转为文火并持续下去。这样一来，就有如将锅架在通红的炭火上利用其火势自然变化的做法，不是吗？

他们的炉灶实在是种纯朴的道具。

还有烤箱，也与之相像。

2 野宴式烤牛肉

烤牛肉的正规做法是用烤箱来烤。微波炉和平底锅不过是烤箱的代用品，没有它就做不出真正的烧烤。将整只鸡或大块牛肉放入大号烤箱，使其从四面八方均匀受热，并偶尔转动肉块（避免焦色不均）使油脂落下，如此去烤才是正宗的烹饪方法。

只不过，烤箱——当时应该叫烤炉——这种厨具的发明和应用是在 19 世纪以后，烤牛肉的出现远早于此。换句话说，从没有烤箱的时代开始，先人们就在烤牛肉了。

在古代，真正制作烤牛肉时必需的道具是野外的篝火，即是明火，火焰高涨、在眼前熊熊燃烧的火。

由古至今，在野外铺设宴席一直是人类的重大娱乐活动之一。

比如在祭典上，屠宰野兽后，用粗棍将其整只刺穿并高高架起，然后在其下方生火熏烤。

明旺的篝火攒动着，腾腾热气挑逗着祭品的外皮，那层皮在热气缭绕下逐渐变成褐色并滴下脂液，显得色泽愈发可口。人们不停地旋转粗棍，沉下心去，一寸一寸、不慌不忙地让祭品通体散发出熏香。待烤好后，便切割、分解，摆上宴席，伴随美酒歌舞成为佳肴……

烘烤（roast）作为一种烹饪方法便是如此。

Roast 一词翻译过来是"焙"或"炙"，字典里的解释是"用火加热"或者"烤"，也可以是"架于火上使干燥"等，指意不很清晰。准确来说，这个词的意思是处在接近明火却不接触到火的位置，然后接受火的热力。即使不加诠释，我们仍能通过日常的语感领会其含义，好比"香焙鱿鱼干"中的"焙"字。在稍稍远离强火的地方受热，这样做便是烘烤。

因此，使用"烤鱿鱼"的方法，我们同样可以做出"烤牛肉"。

点燃厨房的燃气炉。

将一整块牛肉用粗钎子刺穿后双手握持、高举。普通人的身高恐怕有所不及，可以蹬上凳子或椅子，让肉保持在炉火上方距其五六十厘米的位置。如此坚持一两个小时，即可做出完美沿袭正宗古法的烤牛肉——代价是四周给油脂溅得黏黏糊糊的，而且牛肉烤好之前恐怕会先烤好一张人脸。

3　平底锅嫩煎牛排

对于日本人来说，烤鱼一定要用明火烤，烤肉却很少如此（烤鸡肉串是个例外）。

日本人烤鱼时用猛火，给鱼穿上钎子在离火稍远的地方烤。但通常来说，一条鱼的个头要比一整块肉小，而且鱼肉容易被火穿透，所以与火的距离要比烤牛肉时近。况且还有必要将表面烤焦，如果离得太远，在鱼烤好之前精华已随油脂流尽。

然而若是一块厚切牛肉摆在眼前，日本人却不倾向于直接用火烤。虽然许多烹饪书里都介绍过牛排的"烤法"，但是不论哪本都只传授了使用平底锅的"烤法"，原因便在于此。

做法是取一口厚锅，充分加热后将油刷开，然后放入肉排烤单侧，火候差不多了就翻面。

火候这东西不容易拿捏，但只要把握得好，平底锅烤出的肉也可以很好吃。把剩余的肉汁除霜后做成调味酱汁也很方便。

问题在于，这样做出的牛排其实算不上"烤"牛排。

真正的烤牛排既不使用平底锅也不放油，是直接用燃烧的火焰烤出来的，即所谓用明火烤。肉与火之间不介入任何异物，这才是名副其实的"烤"。有油脂介入应称为"煎（或者嫩煎）"。

这当中的区别翻译之后在语言里表现得模糊不清，比如将鱼裹上面粉后拿平底锅用黄油煎的做法（meunière），会被若无其事地称为"黄油烤鱼"，但这归根结底是称不上"烤"鱼的。Meunière 这个法语词的意思是"面粉铺的风格"，是 à la meunière 的略称。上述做法由于使用面粉裹衣才得此名，因此 meunière 与黄油或烤法均无直接关系。

所以用平底锅做的烤牛排其实并非"烤"牛排，充其量只能叫作"平底锅烤牛排"（用法语来说，就是牛肉 poêlé，也就是用 poêle，即锅加热过后的牛肉）。

根据字典上的解释，英语写作 beef steak 的牛排一词，steak 是有一个同音词 stake 的，而它原指又粗又结实的木桩，特指火刑时用的刑柱。

把人绑在柱子上，在那下面点火。

其结果便是木桩烤活人，略称为 stake。

实际上，在对人动用火刑时，考虑到慢慢折磨的必要性和行刑者杀一儆百的需求，受刑人一定要绑在长柱顶端，因此与火的距离稍远。非要说的话更接近于"烘烤"，但只要火势够猛亦能构成"烧烤"。

回到烹饪法的话题，烘烤也罢烧烤也罢，在用明火烤这一点上是完全一致的。

只不过，烤大块肉时离火过近会导致仅表面烤焦而内里无法烤透，所以要稍稍远离火焰慢慢烤，即烘烤。

而在烤切下来的肉片时，则要尽量靠近火，烤得越快越好，这样烤出的肉才好吃，这便是烧烤。

现如今一般将后者称为"网烤"（grill）。Grill 即烤网，由于网烤时大面积贴近明火，所以拿来表现"直接火烤"的意思。换句话说，"烤牛排"即是指"网烤（明火烤）牛排"，而烘烤与网烤的区别主要体现在与火的距离上。

正宗的烘烤牛肉出自英国。

4　英式烘烤牛肉

就在英国那种颇具年代感又装潢华
丽的餐厅里。虽说那种餐厅一板一眼的，如果顾客自身的礼仪不过
关，难免会觉得浑身不自在，不过偶尔也应该打扮得漂漂亮亮，去
那种地方走一趟。而且，英国身为烘烤牛肉的大本营，很难在街头
餐馆里寻得美味的烤牛肉，为此也不得不去一家配得上它的餐厅才
能吃到。

入席后点"烘烤牛肉"（roast beef）。

不多时，便会推来一辆巨大的配膳车。摘去上面银色的巨盖，
会亮出巨大的肉块。

所谓烘烤牛肉，总之是要烤巨型肉块。原本我将其误会成顶多
一公斤左右、平底锅也能应付的大小，实际见到之后，肉块的尺寸
大到令我目瞪口呆。

理想的烘烤牛肉，表面应该又酥又脆，但是越向中心肉色越红：
从全熟（well-done）到五成熟（medium），再到二成熟（rare），烤
得愈来愈生，中心部位还要淌着鲜红的肉汁。若想实现这一境界，

肉块就必须大到一定程度。

话说回来，民族性这档事实在耐人寻味。让喜爱生烤牛肉的法国人来烹制，再大的肉块也会烤得很生，中心鲜红色生肉的比重非常大。他们在烘烤较小的肉块时，全熟的部分只存于肉的表面，五成熟的部分几乎荡然无存，其余全是二成熟的。另一方面，对英国人来说，即便是烤巨型的家伙，他们也会让火力长驱直入临近中心。这样烘烤出的肉块直到中心部位几乎都是粉色，可以说全然不见生肉。

进餐厅点了"烘烤牛肉"后，招待会询问："您的喜好是？"

这时得回答要全熟的，还是五成熟的，又或者是二成熟的。说想要全熟的，就会切下靠近表面的那部分端上来。果不其然，烤得十分通透。若说想要二成熟的，主刀师傅就会从外侧一层层削下肉片，然后将最靠近中心的部位切下来盛盘端上桌。但这依然是受热充分的粉色。若让法国人来评价，这就不是二成熟（saignant）而是五成熟（á point）了。

单凭这一点，法国人就断言英国人是"一帮食物不食味的家伙"。不过在喜好问题上，向来有鸡同鸭讲的一面。

料理的四面体

好了，粉色的烘烤牛肉上桌了。上面淋着英文写作 gravy 的调味酱汁，这是用烤牛肉时滴落的肉汁做成的。

英国餐厅里必定还会在盘子一侧盛上名为约克夏布丁的辅菜，类似泡芙外皮，又类似派或面包。烘烤牛肉一定要搭配约克夏布丁来吃，这是传统。就好比香鱼配蓼醋、佃煮配茶泡饭、秋刀鱼配萝卜泥、恶鬼要拿铁棒、僧侣要穿袈裟，淋上 gravy 酱汁的烘烤牛肉务必要和约克夏布丁凑成一对。还少不了热腾腾的烤土豆作添头。

操餐刀切开肉，也把约克夏布丁切开，然后都均匀地抹上 gravy 就着吃（分开吃也无妨）。

这便是英式烘烤牛肉的正宗吃法。

5　约克夏布丁

去翻英国的烹饪书，关于约克夏布丁的做法是这样记述的：

原料（6—8 人的量）：

小麦粉，半磅（约 225 克）；鸡蛋，3 个；牛奶，3/4 品脱（约 426 毫升）。

少量盐、牛脂。

做法如下：先将小麦粉与盐混合后加入鸡蛋，一边少量添入牛奶一边搅拌均匀；然后取烤派模具，加热牛脂并涂抹在内侧，将搅拌好的原料注入模具；最后放入烤箱（约 200 度），烘焙一小时。

这是普通的做法。餐厅里会将蛋黄与蛋清分开，只用蛋黄搅拌成坯，蛋清则要在打发后加入。总之会花一些心思，又能做得驾轻就熟（这样一来鸡蛋要增加一个，同时减少牛奶的用量。除牛脂以外，还要加入黄油，烘焙时间则在半小时左右）。

照此方法去做总有些不得要领，不过一旦熟练掌握，就能做出蓬松又好吃的布丁了。

作为烘烤牛肉不可或缺的配菜，约克夏布丁的地位在英国全土已无可撼动。它原本是英格兰北部约克夏郡的乡土菜，但是后来不仅限于约克夏郡，在英国北部所有寒冷的地方都有一道近乎同样的菜搭配烤肉（不一定是烤牛肉）一起食用，并以此为习俗。

英国北部地区食物匮乏，土地贫瘠，烤肉属于难得一见的大餐，所以偶尔奢侈一把的时候要尽全力去吃。然而终归难以搞到那么大的肉块，只好在吃肉之余靠"糨糊"填满肚皮。现如今，布丁是"就着"肉吃的，在过去，开饭之前就会先切下一块 1 英寸（约

2.5 厘米）以上、又厚又大的布丁，将其浸满烘烤牛肉时滴落的油脂当作前菜端上餐桌。就着牛油热腾腾的香味儿，一家人满怀"今天终能美餐一顿"的心愿，先用大量"糨糊"填饱肚子。等如假包换的牛肉出场时，就吃不下多少了。

约克夏布丁便是出于此种战略性目的被发明出来的。

在别的国家，例如捷克和斯洛伐克，不论烘烤还是炖煮，几乎每一餐都会有汤团（英语也写作 dumpling）作陪。它类似日本的水团，是将小麦粉搅拌压实后用水煮熟吃的，好吃是好吃，但会涨肚子。此外，在德国和奥地利，也有将团子状的汤饺（写作 Knödel）煮在汤里吃的习惯。不论哪种，想法都与约克夏布丁如出一辙。

那么问题来了：在烤炉这种近代厨具尚不为人知晓的 18 世纪以前，英国家庭如何制作约克夏布丁和烘烤牛肉的呢？

有一说一，他们是用壁炉烤的。

英国人的房子里有壁炉。

将墙壁掏空，做出炉灶，然后在炉床上生火，炉烟则顺着墙壁内的烟道由上方排去户外。这便是西式壁炉，同时也是烹饪用的炉灶。

把壁炉烧得红红火火，并且在炉前摆一根铁质长钎，由两端架起。然后把肉串到铁钎上，一面旋转铁钎一面烤。烘烤牛肉就是这样做成的。由于烤化的脂肪不停地滴落，如果不用盘子盛接，地板就要遭殃了。又因为脂肪也是好东西，仅仅用盘子接着怕是浪费了，于是往盘子里盛上用小麦粉搅成的糊糊来吸收牛油。那盘糊糊一面吸收灼热的牛油，一面接受炉火的烘焙，最后被烤出恰到好处的黄褐色，烤得蓬蓬松松，这就是约克夏布丁。

顺便再拿几个皮也没削的土豆，把它们丢进炉灰里。等牛肉烤好，土豆也变成了热腾腾的烤土豆。

这么着，借火取暖的工夫里，一顿晚饭就做好了。

想烧热水了，就从壁炉的上缘垂下钩子，把水壶把手挂上去。要是挂一口锅在那上面，熬汤也罢炖东西也罢，使用起来得心应手。要是顺手把老爷子从河里钓来的鲑鱼装进笼里，吊在暖炉上方，等到一家人差不多把它忘记的时候，它一定已经变成了香气四溢的烟熏三文鱼。壁炉着实是件万能"厨具"（从某种意义上讲，它和日本的地灶十分相像）。

　　　　　　　　　　　　　　　　　　　料理的四面体

不仅限于英国，在法国、德国等其他欧洲国家，当我们参观这些国家的城堡时，也会在一间宽敞的屋子里找到巨大的壁炉。在壁炉周围，至今仍残留着铁钎、锅、鱼形的铁具（熏制用），等等。将那副光景缩小规模，便是一般家庭的模样了。

不过仔细想来，壁炉其实就是把篝火搬进了室内。"使用壁炉烹饪，无异于在家中开野宴！"这种"前近代"的烹饪方式，"应使其蜕变并与崭新的机械文明接轨"！在工业革命时期，也就是从18世纪中叶开始，这种趋势空前高涨起来。

但那时候的构想，主要是对壁炉进行改良，也就是变形，并未迸发出什么天马行空的创新。

这种变形是将壁炉的下半部用铁板覆盖，如此一来即可避免直接面对火焰。

起初便是改成这种形式，再将肉吊在上面烘烤。但由于改造得不够彻底，使用起来很不方便。

后来人们索性在火上加装盖子，将整团火藏匿起来。然后，在正面铁板上打洞、装门，肉块从那里出入、烘烤。如果在铁盖上放一口（平底）锅，更是可煎可煮。当初亦有将部分顶盖替换为网眼，使网烤成为可能的改造模式，但或许因为"眼不见火"在当时被视为更加文明的标志，进入 19 世纪后，完全封闭的"改良型"壁炉开始普及。此后，网烤的功能转为借由开闭壁炉底部最靠近明火的闸门来实现。我们所熟悉的现代烹饪炉灶的原型就此诞生。

就这样，过去一直暴露在外的烘烤作业，转为在铁箱内部偷偷摸摸地进行。

在欧美，19 世纪以来出现的种种代替煤炭的新能源中，天然气主要用于发电，近代厨房的热源供应则全权托付给了电力，火随之从厨房里消失了踪影。

"烘烤"（roast）一词的语意因此而被篡改。

"用明火烘焙"的本来含义，如今已演变为"在铁箱中接受四面八方的热量"。不过肉块实际受到的火力影响几乎没有变化，所以用烤炉（或者说烤箱）"烘烤"并非完全谬误。况且用明火烘烤时，肉块原本就远离火焰，不断旋转肉块亦是为了使其四面八方均匀受热。

| 6　香烤鲈鱼 |

不用油，也不加一滴水，仅是将食材交予明火，使其状态发生变化（由生变熟）——让我们重新整理一下这种烹饪方法所创造出的菜色。

首先，让食材贴近火焰、触及火焰这样去烤。

把穿着铁钎的肉伸到壁炉的火焰当中，一边听着劈劈啪啪的炙烤声一边烤着吃，这就是明火烘焙。过度接触火焰会令肉的表面烤得过焦，不过在烧烤别的食物，例如茄子的时候，反而以猛烈的烤法为好。因为我们是要把外表烤至焦黑，然后舍其皮而取其瓤来吃。烤吐司失败后将焦黑的表面刮落而食其内里，应用的正是"烤茄子原理"。不管怎样，像这样贴近火焰去烤即为网烤（grill）。

烤鸡肉串和烤鳗鱼时用的方法都是网烤。

至于烤鱼，原则上是要"用强火、用远火"，但就其烧烤状态而言，说是网烤亦无可厚非。

回想某个秋日，在院子里摆上七厘炭炉，生起炭火架起烤网，然后摆上一条烤网都放不下尾鳍的上好秋刀鱼。秋刀鱼被烤得吱吱作响，油脂不断滴落。虽说被焦烟熏得泪流不止，却还是不禁舔起嘴唇——如此回忆一番，应该能让我们充分理解网烤的性质。

在西班牙和葡萄牙的沿海地区，常有人在海边用炭火烤沙丁鱼吃。烤的时候把炭火生得旺旺的，沙丁鱼要用铁丝网夹着烤：两张铁网夹得紧紧的，像剪刀一样开合，里面有好几条鱼。人们在鱼的表面啪啪撒上粗盐，烤好一面，便将铁网整个翻转，再烤另一面。吱吱冒出的油脂落在火上，腾起浓浓的烟。如此将沙丁鱼烤好后，人们徒手抓住鱼尾，一边喝葡萄酒一边整条啃咬。这就是那边的传统吃法，豪爽又美味。就像日本人会用网烤味道强烈的银鱼，并认为那是最高的享受，东西方可谓所见略同。

在法国南部的蔚蓝海岸，如果走进一家专门吃鱼并且稍微上档次的餐厅，吃鱼就会变成有些讲究的一件事了。好比说菜单上有一道"小茴香风味香熏烤鱼"，就点它。侍者会将鱼笼搬到客席旁边——里面的鱼有大有小——问客人选哪条。虽说是装在鱼笼里，但和日式活鱼料理店里指着塘中鱼儿下单的方式气味相投。

假设相中一条给两三人吃的鲈鱼。有意思的是，由于法国人大多喜欢在价格与价值的关系上啰嗦，店家会先给鲈鱼称重，然后告知鲈鱼每 100 克多少法郎，选中的这条又是多少钱，把价格定下。至于是一人吃还是两人吃，就不关店家的事了。（那边餐厅的菜单不标"时价"，取而代之的是"视斤两而定"的法语字头"S.G"。）

选好的鱼会被带到后厨，经过一番处理后网烤。烤好的鱼会乘着餐车重新回到桌旁，在那里宛如仪式一般接受熏香处理：会有一捆干燥的小茴香枝叶被酒精灯点燃，侍者托起鱼，在点燃的小茴香上烘烤。

如此一来，小茴香独特的香气便会转移到鱼身上，让整条鱼增添风味。

这道香烤鲈鱼最终仍要剔骨存肉，撒上柠檬汁、盐和橄榄油来吃，不过处理它的方法确实是网烤。

7 风干香鱼

贴近明火网烤时，不只是火焰，炽热的空气亦会对味道造成微妙的影响。鱼和肉的脂肪在烧烤作用下融化脱落，这些油脂在火里燃烧时会形成混有香味的烟。如此腾起的烟（应该说是含有异物的炽热空气）又会附着在鱼和肉的表面，再转化为香味。即便不刻意使用香料，明火烧烤这个过程也会赋予食材独特的味道。理所当然的，这种味道会随着火源的种类而变化。例如在制作土佐名产熏烤鲣鱼刺身 [1] 的时候，正统的做法是用烧麦秆的火去烘烤鲣鱼的背皮；北京名吃烤羊肉（也就是烧羊肉）则需使用松木做柴，并且最好是用非木非炭、介于这两种状态之间的松木去熏烤；在烤鳗鱼时，一定要使用备长炭 [2]。这表明，明火烤这种烹饪方法看似单纯，其实有着复杂的一面。

若是在网烤的基础上将食材稍稍远离火焰来烤——即是采用烘烤的方式——较之火焰本身，途中介入的空气将进一步对食材的烹饪施加影响。

要是把鱼和肉放在比烘烤时更远离火的地方……

事情便成了前头写过的吊在壁炉最上方、由老爷子钓回来的那条鲑鱼的情况。鲑鱼没有接触到足以构成烘烤状态的热气（火力＋空气），仅是被上升的具有温度的烟气包裹了全身。数天时间内，这种烟气会令鲑鱼缓缓发生变化，最终变身成为"熏制"食品——烟熏三文鱼。

---

[1] 编注：土佐是日本西南部旧令制国名称，相当于今四国高知县，气候温暖。熏烤鲣鱼刺身（カツオのたたき）是当地吃法，又名"土佐造"。与一般直接切好生食的刺身不同，这种生鱼片在保持内里为生肉的同时，先稍微熏烤鱼的表面，放凉之后再切片、装盘。

[2] 编注：备长炭产于日本和歌山，用橡木制成，是白炭的一种。备长炭可长时间燃烧，燃烧时烟比较少，不太容易附着异味，常用于饮食店熏烤、烧炙食物。

制作熏制食品有多种多样的技巧，现今一般采用直接烟熏但不接触明火的方式，不过在各种特殊工具尚未出现的古代，人们都是像老爷子那样熏制食材的。

熏制，即是靠烟熏使食材改变性质的烹饪方法。按其字面意思，应将食材置于有烟熏却没有火燎的环境之中。然而古时的技术无法集中使用大量的烟，非要说的话，古时的烟熏只是对风干食物进行一定程度的熏香处理罢了。

这和制作火腿是一码事。

将一大块猪大腿肉用盐充分揉搓，或用盐腌制，再用烟少许熏香后挂在通风处晾干——这便是制作火腿的基础原理。中间那道熏制工序其实可有可无。撒盐、风干，仅此便能做出火腿。例如在西班牙内华达山脉的寒冷气候中风干的名产塞拉诺火腿（Jamón Serrano，jamón 是西班牙语的火腿，serrano 为山脉之意），以及法国巴约纳和意大利帕尔马出产的极品生火腿，都是用这种方法制成的。如果在制作过程中加入"水煮"的工序，那么做出来的就不再是生火腿，而是"有火候的火腿"，以捷克的布拉格火腿和英国的约克火腿（尽管在肉铺也能见到品质不上不下的货色）为极品。尽管如此，火腿制法的原点依然是把生冷的肉块通风晾干。

如此看来，依靠明火但是不使用油和水的烹饪方法必然少不了空气的作用（从根本上讲，没有空气就无法生火）。根据空气介入度的不同，从最靠近明火的网烤，到稍微远离火焰的烘烤，再到离火更远的熏制……一路走来，最终抵达的便是仅仅经历风吹日晒后得到的"风干货"了。风干香鱼也好，秋刀鱼也好，还有鱿鱼也好什么鱼都好，撒盐风干的过程都与生火腿（风干猪肉）的制法无异。

　　如此想来，风干岂不是连火都不需要了？或许这样的疑问会在瞬间涌上心头，但是当你漫步在遍地是竹荚鱼干的渔村里，当你蓦然仰望天空，太阳或许正藏匿于云朵背后的那一边，透过云朵把炽热的光线挥洒在竹荚鱼身上。

　　风干时，食材与火源的距离要比熏制时更远些——无非是远到了 1.5 亿公里而已。

III

天妇罗分类学

┌─────────────────────────────┐
│ **1　Pommes Frite—— 炸 薯 条** │
└─────────────────────────────┘

假设眼前有一口盛满
油的大锅。

给它点火、加热。片刻之后，在平静的油面下方，热油已蓄势
待发。

放些什么进去好呢？假设放入一截海带。把用布擦拭干透的海
带切成小片，不裹任何东西直接投入锅中。最好在油温过高之前，
油温过高的话会把海带炸得焦黑。

这道素炸海带可以拿来做下酒菜，也可做茶点，是一道有滋有
味的斋菜。

或者向锅中投入完全脱水的小海虾。同样不裹炸粉，下锅后迅
速捞出。这道干炸小海虾也是相当不错的小菜。

那么，如果将这一锅油摆在法国人面前，他们一定连想都不想
就把土豆放进去吧——法国人常吃炸薯条的习惯令我恨不得如此断
言。总之，炸薯条是吃肉时必不可少的配菜。

首先要选大个土豆，并将土豆条切得尽量粗大（底边约 1 厘米、
高度至少 10 厘米的四棱柱），然后擦去水分后放入热油中。土豆条

上不裹炸粉，要干炸。

做法式炸薯条时，等薯条稍许变色后要先捞起冷却，然后重新用热油炸。初炸是为了在薯条表面形成保护膜，从而在第二次油炸时封住薯条内部的水汽。这样炸出的薯条色泽金黄，外焦里嫩。由于这道工序是法国人发明的，所以正宗的炸薯条被认为出自法国。关于名字，英美称之为法式炸薯条（French fries），德国等国家有的直接使用法语的写法，就叫 pommes frite（pommes 指土豆，frite 则是炸），有的将这两个单词混写为 pomfrit，但不论哪种都是对法语的直接借用。至于要用什么土豆，法国人声称比利时出产的最好。

法国的餐馆、食堂里必定会有炸薯条专用的方锅。这种锅如油池一般，里头浸着用网拼接成的笼子。炸的时候向网笼里装入大量薯条，炸好了就把网笼提起来。在法国，甚至可以买到将油池小型化的家用锅。法国人对炸薯条的需求几乎到了每日必不可少的程度，以至于他们可能从来不曾想过往那口油池般的深锅里放入土豆以外的什么东西，很是不可思议。

不过在法国的沿海地区，人们也有吃炸鱼的习惯，用的尽是小鱼，是把各种被渔网打捞上来也不会拿去贩卖的鱼一股脑儿油炸了。这种炸鱼偶尔也会出现在海边餐馆的菜单上，我就见到过，它被取名为"Friture de la baie"，翻译过来意思是"海湾炸鱼"。

就在对菜名感到困惑的时候，我透过餐馆的玻璃窗向外眺望——原来如此，这间餐馆面向的正是一片被两座海角环抱的海湾。这道菜是用从那里捕来的鱼煎炸而成的，就以这层含义取的菜名吧。服务生端上来的炸鱼满满一盘，它们体长大多在 3 厘米左右，最长的也不过 10 厘米。鱼的种类看上去不一而足，至于鱼的名字，就算去问法国人也是一无所获。如果问"这条小鱼叫什么"，必然会得到"就叫小鱼……"的回答。反正对鱼的名称一筹莫展，不如趁热挤上几滴柠檬汁，骨肉不分地从"头"吃起。刚刚炸好的小鱼香脆可口，虽然不得其名，却值得在它的"美味"前面添上"颇为"二字，非常适合与冰镇白葡萄酒一同享用。

"海湾炸鱼"吃起来的感觉与日本的天妇罗颇为相似。

如此说来，"江户前天妇罗"中的"江户前"，指的也是从江户前面的海湾，即现在的东京湾捕捞上来的鱼类。如果进一步将天妇罗译成法语，"江户前天妇罗"便成了"Friture de la baie de Tokyo"。只不过法国的那道菜是干炸小鱼，而并非真正的天妇罗。

　　　　　　　　　　　　　　　　料理的四面体

2 山德士炸幼鸡

干炸这个词，在日语中既可写作"空揚げ"，也可写作"唐揚げ"[1]。

因为干炸是不裹任何炸粉，所以取名"空揚げ"；又因为传自中国，所以取名"唐揚げ"。不过大多数日语字典都采用"空揚げ"作为其正确写法。

然而，在名字里带有"干炸"两字的各式料理中，全然不使用炸粉做出来的东西却非常少。

的确，由于食材中含有水分，直接将大块食材放入油中会有溅油的危险，何况在油温过高的情况下食材还会因急速脱水而变得焦黑。只有球根类食材例外，它们能以淀粉质保护自身表皮。

为了防患于未然，也为了把食材炸得外焦里嫩，就算是"干炸"，通常也会给食材裹上小麦粉再油炸。海湾炸鱼便是如此。

给嫩鸡抹上胡椒盐，再裹一层小麦粉，然后用油炸，这便是最为简易的西式炸鸡做法。

---

[1] 译注：揚げ，即油炸食品。

用酱油、大蒜、生姜和其他中式香辛料腌制鸡块，然后裹上小麦粉油炸，如此烹饪便是中式干炸（唐揚げ）。而如果从腌料中除去大蒜和中式香辛料，便成了和式做法（用酱油腌制后裹马铃薯淀粉来炸，即是著名的日本料理"龙田炸鸡"）。

　　再往下就是我们耳熟能详的应用题了。

　　只需改变香辛料的种类，即可吹起"五彩缤纷"的料理变革之风。

　　店门口有位须发皆白还身穿白西服的老先生——对，就是那位老先生，山德士上校——笑眯眯地摊开手站着的肯德基炸鸡，用的就是他通过常年研究得出的配方。以秘传的配比混合 11 种香料，然后和小麦粉一起裹在嫩嫩的鸡肉上，再用压力锅油炸，山德士上校就通过贩卖这种炸鸡让肯德基走向了世界。为一道不过如此的应用题解出答案，之后只要依靠广告宣传便可获得巨额财富，这就是典型的例子。

　　肯德基炸鸡的秘方自然无从知晓，不过我认为他的灵感源于东欧。

　　在匈牙利首都布达佩斯的餐厅里，菜单上的语言叫我不甚明白

（匈牙利的马扎尔语是一种混合了东西方元素的复杂又奇特的语言），我只好一边装作在看菜单，一边偷偷观察邻桌客人的盘中餐。我发现左前方的阿婆正在享用一种油炸食品。

于是我悄悄用手指指了一下，暗示服务员"给我那个"。片刻之后他将盘子端到我眼前，上面盛的毫无疑问就是"肯德基"，至少看上去一模一样，味道也大同小异。一起端上来的配菜是卷心菜丝沙拉，和美国所谓的 coleslaw（卷心菜沙拉）是同一菜色。

打那以后，我便暗自推测，要么是曾任军方长官的山德士先生身上继承了东欧移民的血脉，要么是他从东欧移民友人做的菜里获得了启示，进而捣鼓出了他的炸鸡。

3　罗马尼亚猪肉天妇罗

东欧是油炸食品的宝库。

然而东欧菜的主流仍然是炖煮类、烘烤类以及烤肉饼。所以准确地说，应该是东欧的油炸食品同样可圈可点。在罗马尼亚黑海岸边的那片旅游胜地，有一处名叫马马亚的海岸，号称东欧尼斯（其实跟尼斯完全不同）。老实说，那里的猪肉天妇罗[1]非常好吃！

这种菜是将猪五花肉切成较厚的肉片，然后裹上与日本天妇罗类似的炸衣，再用大量的油去炸。在马马亚海岸边的移动摊位上，刚刚炸好的猪肉一被端出来，就飞快地卖个精光。虽然仅仅佐以盐味，但是这样炸出来的猪肉味道非常好。除了炸猪肉，摊位上还有用白肉鱼做成的天妇罗出售。这里的油炸食品可以说与日本的天妇罗别无二致，只是和关西那种轻柔纤细、炸衣仿佛白皙的花瓣般一触即落的风格正相反，是将小麦粉充分溶解搅拌后严严实实装备在食材身上的，那炸衣绝非温文尔雅，堪称傲骨方刚。不过究其方法论本质，和日式做法找不出半点差异。此外，在保加利亚的乡间小镇，我还在移动摊位上吃过十分美味的芝士天妇罗（将干巴巴的芝士裹上厚厚的炸衣炸成的东西）。这些形形色色的天妇罗都令我想要在日本大显身手，不过最近在日本的店里也可以吃到好吃的猪肉天妇罗了（不过肉片是薄切的），也出现了以冰激凌天妇罗为卖点的天妇罗店铺。日本人在天妇罗上已经实现了许多天马行空的创意。

关于"天妇罗"的语源，可谓众说纷纭，无一定论。不过在被视为其发祥地的葡萄牙，当地居民仍然在使用类似"天妇罗"（tempura）的发音称呼裹上面粉、鸡蛋油炸的蔬菜，并把它当作日

---

[1] 译注：日本传统的天妇罗基本上只油炸蔬菜和鱼类。

　　　　　　　　　　　　　　　　　　　　　　　　料理的四面体

常食品之一。如果这就是天妇罗的语源，那么最初传入日本的其实是一种油炸素菜，在套用日本的饮食习惯后发展出了鱼类天妇罗的菜色（《てんぷらの本》，平野正章著）。但是即便如此，裹上面粉、鸡蛋炸鱼的技法却绝不是日本人独创的。应该说，世界各地以自己独特的方式发明出了这项技艺。

且不说东欧的天妇罗，英国的炸鱼薯条就是其中一例。

炸鱼薯条不仅是在路边摊新鲜出炉后用纸包好边走边吃的小吃，也经常登上平价餐厅的菜单或是被端上普通家庭的餐桌，只要将白肉鱼类去骨切块，炸成天妇罗，再配上 chips——英国人口中的法式炸薯条——即可。白肉鱼类通常是鳕鱼或无须鳕鱼，炸衣是用小麦粉、鸡蛋和牛奶搅拌成的类似烤派的面糊。这样炸出来的鱼肉质地较厚，外表酥脆而中间暄软。不过，这种烹饪方法依然属于天妇罗的技法，和海湾炸鱼是不同的。

这便是干炸与天妇罗的差异。

虽说干炸时裹的有炸粉，但还是可以叫作干炸的，一旦穿上炸衣，便不再属于干炸的范畴，再往前走就进入天妇罗的领域了。

所谓衣，即是将粉用某种液体溶解后做成的黏稠流体。粉可以是小麦粉、土豆淀粉，也可以是葛粉、豆粉，玉米粉也行。液体则可以使用水、蛋液、牛奶，选哪种都行，也可以选几种乃至全部使用，按适当比例混合，进而加入少量的油脂。如果认定干炸料理是不使用任何辅料或仅仅裹上炸粉做出的食物，天妇罗就是为食材穿上各种炸衣后炸出来的食品总和——这样宽泛地去定义也未尝不可，虽说日式天妇罗制作炸衣时原则上要用冷水将蛋黄打散后撒上一层小麦粉。如此看来，天妇罗并非独一无二的日本特产，而是近乎全球人民的共有财产。

4 奇装异服油炸凤尾虾

之前曾提到过，日语中炸猪排（とんかつ，tonkatsu）的炸（かつ，katsu），是由英语炸肉排（cutlet）派生而来的。若说这种炸法和天妇罗的炸法有何不同，那便是它比天妇罗的炸衣多了一层面包屑。

炸肉排时，首先要给肉排涂上小麦粉，然后裹蛋液、粘一层面包屑再进油锅。其中，小麦粉和鸡蛋正是为天妇罗做衣的材料。虽说炸肉排时不需要水，但打散的鸡蛋也是液体嘛，而且炸肉排时还经常往鸡蛋里兑牛奶。也就是说，尽管步骤略有差异，但是在裹面包屑之前，从广义上讲炸肉排和油炸前的天妇罗是相同的。换句话说，能够得出这样的等式：天妇罗加上面包屑就等于炸肉排。

然而，由于日语十分复杂，或者说日语中存在模棱两可的部分，以上等式未必一定成立。

为什么呢？给猪肉和冰激凌裹上炸衣做出的料理都可以照搬名字也叫某某天妇罗，给鱼裹上炸衣再加一层面包屑油炸却不像炸猪排似的叫 fishkatsu，而叫 fried fish（フライド フィッシュ）。

就是这种莫名其妙的地方让人产生了错觉，仿佛炸肉排是一种由肉的名字决定的烹饪方法。其实 katsu 和 fry 的区别仅在于使用的肉，烹饪方法是一模一样的。

如果对含糊不清的部分加以纠正，并使用明确的分类学标准进行命名，这些油炸料理应被分为四类：不使用任何辅料油炸、裹粉油炸、裹上含有粉的液态物质油炸、裹上含有粉的液态物质后进而裹上某种固体物质油炸。

可是，若在天妇罗店里说"给我凤尾虾裹上含有粉的液态物质的油炸货"，就太煞风景了，所以有必要取些更具亲和力的名字。于是，上头那四类料理就成了：素炸、粉炸、衣炸、奇装异服炸。

这四类料理都运用了"油炸"这种基础技法，只是准备阶段所用材料的不同造就了成品的花样百出。

"奇装异服"的概念已在日本料理界得到了认可。像是往天妇罗的炸衣中掺入抹茶粉而制成的绿色"抹茶衣"、添入荞麦粉制成的"荞麦衣"、将粉丝（日语汉字写作"春雨"）切得极短裹在炸衣外面的"春雨炸"，还有将挂面折成 3 厘米左右的小段然后附在炸衣上的"千本炸"，这些"奇装异服"俨然已经走入人们的视野。现在，我们用面包屑取代粉丝和挂面来炸凤尾虾，那么做出来的这道"奇装异服油炸凤尾虾"，其实不就是我们平时挂在嘴上的 ebi fry（エビフライ，炸虾）嘛。[1]

┌─────────┐
│ 5 目玉烧 │　　　　　有时候，料理的名称实在是既不合理又令
└─────────┘　　　　人费解。提到"目玉烧"这个词，人们通常想
　　　　　　　　　　　到的是把眼球烤了，或者用眼球去烤，但实际
上这个词的意思是"烤得像眼球一样"。不过，这种命名方式也并非完全没有道理，姑且算是应用了日语的一般构词法。所谓"烧某某"即是把某某食材烤熟的东西（例如烤鱼、烤茄子等），"某

─────────────────────

[1] 编注：作者在这里用日语和外来语做了一个文字游戏，用奇装异服凤尾虾（車海老の変わり衣揚げ）这种纯日式写法倒推回外来语式写法 ebi fry（エビフライ），用以对应前文的炸鱼（フライド フィッシュ）。意在说明不管料理的名字是日式的还是西式的，其本质是一样的。

某烧"则是用某某材料去烤或者烤成某某的样子（铁板烧、味噌烧、寿喜烧等）。所以，如果真是把眼球烤熟的料理，应该叫"烧目玉"才对。

目玉烧在法语中被称为"oeuf sur le plat"或"oeuf au plat"，或进一步缩写成"oeuf plat"，意为"盘子（上的）鸡蛋"。把鸡蛋放在盘子上，莫非有什么不同凡响之处？法国人以此来为料理命名，实在是太随意了。相比之下，"目玉烧"这个名字不但形象地表现出了这道料理的外形，而且一语双关地将"目玉"的"玉"与"玉子"（即日语中的鸡蛋）的"玉"叠在一起，实在妙不可言。

英语里，目玉烧叫作 fried egg，即是用炸的技法去料理鸡蛋。

然而，fried egg 不像炸薯条和炸鸡，并不涉及裹或者不裹面包屑的问题。这个炸类似于干炸，但"干炸鸡蛋"的叫法实在太奇怪了，何况也只是类似于干炸，并非真就是干炸。实际上，英语里 fry 这个词能够涵盖所有使用油脂的烹饪方法。

此前，我们在这一章中列举的各种烹饪方式，都可以用"油炸"一词概括。是准备阶段中使用的不同材料，使它们成为名称各异的不同菜肴。能够看穿这一点确实是无可争辩的胜利，不过，单凭"油炸"二字并不足以涵盖本章中介绍的全部料理——即所有使用油烹调出的料理。

向平底锅中倒入油或放块黄油，然后敲个鸡蛋进去。千万小心不要将蛋黄弄破，并尽量使其位于展开的蛋白中央。维持现有火力。换句话说，我们是在用油"煎"鸡蛋。如果盖上平底锅的盖子蒸煎一下，蛋黄表面会变白变浊。不盖的话则可以保证做成后蛋黄的漂亮色泽（美国人管这叫 sunny side up，阳面儿朝上，即太阳蛋）。

所以准确地说，"目玉烧"应该叫作"漂亮煎蛋"，这样更为浅显易懂。但是不管怎样，目玉烧都是"煎"出来而不是"炸"出来的。英语中的"fry"这个词包含了"煎"和"炸"两层含义。

喝些果汁或将提子切半儿吃了，再吃些玉米脆片，然后是一盘添了鸡蛋料理的火腿或培根，最后咕嘟咕嘟喝一杯又淡又难喝的咖啡，这就是一套 American breakfast——美式早餐。

如果在美国的酒店、杂货店或小吃店点这套早餐，对方在习惯上一定会询问鸡蛋的料理方式。

"鸡蛋怎么做？"

怎么做？被问到的一方傻了眼。这其实是在征求你的意见，问你鸡蛋要按以下哪种方式处理：是 fried egg（目玉烧），还是 scrambled egg（炒鸡蛋）？或者选择 poached egg（卧鸡蛋）？还是说，要 boiled egg（煮鸡蛋）？

再不然是要 omelette（煎蛋卷）？

应该怎样回答心里清楚得很，然而在被冷不丁问道"需要 fry 吗"的时候，有那么一瞬，脑海里还是浮现出了鸡蛋被磕破后直接落入满满一锅油中的画面。担心厨师的眼珠子会因此被烫伤，险些和他说了"No！No！"。

日本人总是不假思索地认为 fry 就是油炸，但 fried egg 并非炸鸡蛋，而是煎鸡蛋。不过就算厨师一时疏忽油炸了鸡蛋，做出来的恐怕仍然只能叫 fried egg 吧。

煎和炸在英语中统称为 fry。用少量油时叫 pan fry（平煎）或 shallow fry（浅煎），将食材浸在大量油中油炸时叫 deep fry（深煎），以此作为区分（目玉烧的做法属于平煎）。

这种命名方式十分合理。

火将热量传递给油，油用热量烹调食材，这一过程便叫 fry，至于油量多少，则另有形容词表现……

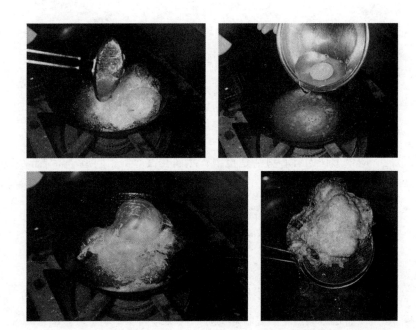

　　上左：向锅中倒入大量油（色拉油、芝麻油皆可），然后加热。等油的表面开始小幅震动并伴有薄烟升起时，即可将蛋倒入。油温不够高的话会粘锅。

　　上右：先把鸡蛋完整地磕在小碗里再入锅。虽然也可以在油锅上方敲碎蛋壳，让蛋直接落入锅内，但是有可能破坏蛋的形状，使其散掉。

　　下左：蛋落入油中的瞬间。仍然会油星四溅，可以躲在锅盖后方操作。

　　下右：待鸡蛋底侧变硬后翻面，两面都炸成金黄色即可起锅。

若是一番深思熟虑后定下的这套名字，确实巧妙得无以复加，但事实似乎并非如此。据说，由于在英国油炸出的食物种类非常贫乏，获得大量的油又很困难，所以一开始找不到恰当的字眼来形容使用大量油烹饪出来的食物，为了与通常的 fry（煎）区分开来，才慌忙加上了 deep 一词。不仅如此，深浅之分只应用在极其特殊的情况下，日常生活中是不会说什么"深煎鸡"和"平煎蛋"的。说要 fried chicken 就给你炸鸡，说要 fried egg 就给你美式煎蛋。

附篇：

Deep Fried Egg —— 油炸鸡蛋

将鸡蛋磕破后投入一整锅油中……这样的情景想想就觉得可怕。不过，现实中还真存在与此情此景完全吻合的菜品。

油炸鸡蛋——这是我在泰国曼谷一家市场的摊位上亲眼见到的。中国菜里也有将打散的鸡蛋如细丝一般垂入油中的做法，不过将蛋磕破后直接丢入油锅却非常罕见。

泰国人会把整颗蛋炸成实心。我在重现这道菜时，选择将蛋的表面炸成金黄色，内里的蛋黄则炸成半熟。有趣的是，同样的一颗蛋，油煎（目玉烧）和油炸做出来的却完全不同。硬硬的蛋清边缘独具口感，加上油炸过后的风味……泰国人习惯淋上混有辣椒碎的鱼露来吃，很美味，与面条和米饭都很搭。

6 维也纳炸小牛排

在西方，有一帮日式炸猪排的亲戚。

Cotoletta milanese 可以算是那帮亲戚的代言人。

Cotoletta 就是 cutlet（炸肉排）的意大利语写法，所以 cotoletta milanese 的意思即为米兰炸肉排。

这种炸肉排里包裹的多为牛肉，不过猪肉也可以。本来做炸肉排应该选用带里脊肉的排骨，但是在做这种米兰炸肉排时需要将骨头剔除。多余的脂肪也要一并剔去，然后把肉敲薄，展平。做炸衣时，需要先向小麦粉中加入混有少许橄榄油的全蛋液，再加入大量面包屑和帕尔马干酪。

等这层薄薄的肉饼裹好炸衣后，用平底锅加黄油和少许橄榄油来煎。尽管会溶掉一大块黄油，但黄油和橄榄油加起来用量仍然远不及油炸的程度。

料理的四面体

虽然米兰炸肉排的制法与日式炸猪排相去甚远，味道却一样都很好吃。黄油烤焦、奶酪也溶入炸衣的香味，再加上有嚼头但依然松软的肉质……当地人习惯将做好的米兰炸肉排盛在热盘子上，浇上烤化的黄油（是另取的黄油，要加热至起烟），再撒上大量欧芹末连同大瓣柠檬一起端上餐桌。

　　在邻国奥地利，有一道与此相仿的炸肉排。

　　那就是维也纳炸小牛排（Wiener schnitzel）。正统的做法是选用小牛脊排，但在日本的一般家庭内复原这道菜时就算偷偷使用猪肉，也不会有人说三道四吧。

　　肉要尽量切薄，约 5 毫米厚。去骨，并剔除周围所有的脂肪。之后彻底敲打处理好的肉，并将其展平。

　　这道对于米兰炸肉排来说必不可少的工序，在制作维也纳炸小牛排时更是至关重要。在那边名为"打肉器"的专用小锤，用那玩意儿在肉上咚咚敲个遍（在日本则可以使用杵子或啤酒瓶作为替代）。要是走进维也纳市郊带有乡土气息的酒馆，点上这道菜，便会在一边小口呷着葡萄酒一边吃前菜萨拉米的时候，听见从厨房传来"咚——咚——咚——呲咚咚——呲咚咚——咚——咚——咚叩咚——"的声音。那是捶打小牛肉的声音，能把维也纳小伙子听得像巴甫洛夫的实验犬一样直吞口水。

如此捶打一通，把 5 毫米厚的肉捶成 2 毫米厚，把起初巴掌大小的肉捶成棒球手套大小。

在这层薄薄的肉上抹盐，两面都裹上小麦粉，再毫无遗漏地涂上蛋液。最后，把彻底干透、松松散散的面包屑牢牢地按在肉饼上。

煎的时候，要用平底锅融化牛油（黄油亦可）浅煎。开始时用中火，然后换小火，最后盖上锅盖焖一下。

尽管调味时只加盐和柠檬汁，这道菜还是酥软喷香，令人赞不绝口（前提是做得成功）。

在其他欧洲国家同样有身穿面包屑炸衣的"炸肉排"亲戚，它们无一例外都是薄薄一层肉，且都出身于煎锅而非炸锅。用来制作它们的面包屑是干成粉的那种（唯独英国使用新鲜面包屑）。烹调用油是黄油或牛油，浅煎时多用黄油，深煎（油炸）时用融化的牛油或植物油（法国人总是啰嗦只有牛肾脏周围的脂肪精制出的牛油才最适合油炸）。

　　　　　　　　　　　　　　　　　　　　料理的四面体

这种西式炸肉排可以说颇具特色。其中，将肉敲打成薄片是为了切断肉的纤维使肉质变软（像维也纳小伙子那样视牛肉如杀父仇人一般捶打是有些夸张了），并在油煎时利于火力通过。肉不够薄，就会外焦里生。二分熟的小牛肉和猪肉毕竟吃不得（虽说都是牛肉，但是小牛肉不建议生食），所以免不了要敲打一番。

烹饪时总会遇到厚度与火候的悖论，这便是西式炸肉排的瓶颈了。

但是在被视为日式炸猪排发祥地的东京上野一带的著名料理店里，厨师们发明了某种特殊技术，可以将超过3厘米厚的猪肉煎得衣不焦而肉不生。

这是对西方烹饪常识的果敢挑战。

在浅煎肉排的问题上，西方人面临着两难选择：油温高则肉必须薄；肉若厚则油温必须低，但口感会湿腻。相比之下，日本的料理艺术家们采用深煎（也就是油炸）的方法，用低温油慢炸肉块，使火力在外衣焦糊之前抵达肉的中心，并且确保炸肉排干爽的口感。这项技艺是他们不懈努力的成果。

一刀切开炸猪排酥脆的外衣，里面是又厚又软的猪肉，略带粉色，味美多汁。作为散布在世界各地的炸肉排大家庭中的一员，日式炸肉排是个接受过特殊洗礼的鬼孩子 [1] 呀。

7 青椒肉丝

向中式铁锅里倒入油（或牛油），在锅里绕上一圈先把油倒出来，再重新倒入大量的油加热。

事先将猪肉切丝，用酱油、料酒、盐、土豆淀粉和少量油（也可加入大料等中式香辛料）腌制一会儿。将腌好的猪肉用大火迅速翻炒后，另找一容器盛放。往锅里添入新油后，放入姜末、蒜末。如需放入其他香辛料，此时可一并放入煎出香味。随后将切成细丝并控干水分的青椒倒入锅中翻炒。此时把之前盛出的猪肉回锅，一边持续用猛火翻炒一边调味，最后淋上香油或辣椒油。

如此，一道青椒肉丝就做好了。

由于口味因人而异，我在炒这道菜时使用的材料、调料与正宗的中国菜略有不同，但是通常来说，这样炒出来就已经足够好吃了。

---

[1] 编注：日文中鬼孩子意为与父母长得不像，或者像怪物一样（尤其是生下来就有牙齿）的孩子。

诀窍是要尽量保持猛火，再有就是炒多种食材时，原则上要先分开炒再混起来炒，并且多放油。

比如说做猪肉炒茄子这道菜。

如果将猪肉和茄子一同下锅，猪肉的油脂就会被茄子吸走，这样炒出来的肉口感偏柴。而茄子在吸收猪油后会释放出涩水，这些涩水粘在猪肉上会影响猪肉的味道。不仅如此，如果油放少了还可能中途炒糊，最后搞得不得不向锅里添加冷油。这样炒出来的菜是不会好吃的。

所以，我们要先多放油，把茄子煎一下。煎好的茄子另取一容器盛放，锅里的油也倒出来。这时再放入猪肉翻炒，最后加入煎茄子混炒。

这实际上是运用了类似"煎焦"（rissoler）的原理：将食材摊在热油上令其外表形成保护膜，这样一来就算过后与其他食材混在一起，彼此也能做到互不侵犯，齐心接力演奏出浑然一体的"美味和声"（虽然跟用油炒菜无关，在制作日式蔬菜杂煮时，也会将食材分别煮过后再合起来煮，想法与此类似）。不过，为了使这一原理充分生效，必须使用大量的油去煎，多到不如说是"炸"的量了。

在运用油的技巧上，日本人发明出炸猪排并让天妇罗更上一层楼，但是在中国人面前却要退让不止一步两步三四步。对日本人而言，中国人是用油的大前辈，是连影子都踩不到的师父。然而，在忍不住会对黄油和牛油评头论足的法国人面前，日本人的立场就要反转了。法国人用"saute"和"frire"将"煎"与"炸"区分开来，但是就像之前提到的，他们的油炸食物种类非常少。何况法语中表现用油技法的词只有两个，不难看出法国人在这一领域的薄弱。丰富的词汇背后可是与生活的紧密联系呀。

中国人运用油脂烹调的相关词汇极为丰富，仅是基础词汇就有下面这些。

炸：用大量的油去炸。炸又分为清炸（干炸）、软炸等多种形式，通过附加形容词可表现准备阶段的各种变化。

炒：同日语中的"炒"。炒同样分为只放盐的清炒、先将食材过油的滑炒、不过油直接将食材放入少量油中烹制的干炒等多种形式。

爆：以热油快炒，或先过热油再炒。

料理的四面体

煸：用少量油将肉类炒至少许发焦。[1]

煎：用更少的油将食材两面煎至焦黄。

贴：将食材的一面朝下，贴在锅上烤得又焦又硬，一面朝上，抹少许油，烤得相对松软。

烙：在锅里抹一层油，或者完全不使用油，将食材加热至熟。

哎呀，真是精妙绝伦！只使用一个单音节词就能表现出油的用量和烹饪的技法。能够随心所欲地运用油脂，并将这套技法融会贯通，中国人在这个领域可以说获得了非凡的成就。

他们仅用一口中式铁锅，就能做出几乎全部种类的料理。

锅中放油可炒，放更多油可炸；将油替换成水后可煮，在水面架上蒸笼可蒸——只需调节油和水的分量，再稍微借助厨具配件，便可实现千变万化的烹饪技法。

---

[1] 编注：煸炒类菜肴也有以素料为主、荤料为辅的情况，此时判断煸炒的标准就不单是将肉类炒至少许发焦。

有一次我去广州访问，正一个人在小巷子里逛荡，有个中国人站在家门口向我招手。我走上前去，他笑呵呵地递来一支烟，请我去他家里抽（似乎是这个意思）。我没跟他客气，便进了他家。屋子里有些凌乱，摆着椅子和床，旁边就是狭小的厨房。我请他让我进去瞧瞧。砌在墙上的灶台上只有一口仿佛嵌在那里的大铁锅，除此以外再无其他显眼的厨具。那口锅一定无所不能——于是我把这想法比画给他，他笑着点了头。但是貌似对这个人说什么他都笑嘻嘻的，所以他的反应有几分可信无从判断，不过他家的厨房确实单调得可以。

中国的烹饪体系是以锅为基础型万能厨具发展出来的，因此烘烤类菜肴的种类并不多。虽然有诸如北京烤鸭和烤羊肉（把羊肉片放在铁网上烤，蘸着调味酱汁就青菜吃，所谓的正宗"成吉思汗烤肉"[1]）这种远近闻名的明火烤烧，但这些应归为中国北方少数民族的烹饪思路，至少不属于家常菜的范畴。烘烤时使用的烤炉一般不会出现在中国家庭里，就连明火烤鱼中国人一般也是不吃的。一定由锅底来接收明火的热量——这是中国人厨房里的传统。相对而言，将壁炉发展成烤箱这种万能厨具的西方人，平时煮个东西也习惯把

---

[1] 编注："成吉思汗烤肉"（ジンギスカン）是一种日式铁板料理，用中央凸起的圆形烤锅（"成吉思汗锅"）炙烤搭配了豆芽、胡萝卜、洋葱等蔬菜的羊肉或羔羊肉，吃的时候需要蘸调味酱汁。一般认为是北海道或日本东北地区的地方料理。其命名由来有多种说法，但与成吉思汗无关。

料理的四面体

整口锅放进烤箱加热。他们对于在火上架一口锅然后操纵油的技法想必十分陌生吧。西方人的做法是根据不同的需求选用大小、深浅不一的锅。在"个体化主义"当道的西式烹饪哲学中,制作油炸(也就是深煎)食品时一定要备好油炸专用的深锅,但是煎炸的方式非浅即深,按照锅的深浅至多只能分成两类。在这一点上,中国人只使用一口大铁锅,便能应对从落在锅里的一滴油,到锅中聚成的一片海。在这千变万化的过程中不断映入眼帘的,是食材自身的幻化万千。

IV

名为刺身的沙拉

1　出于本能用盐水洗鲷鱼

料理这东西，究竟是打哪里来的呢？

我们假设有这么一个故事。

一位少年在海里游着。

有一条鲷鱼从眼前游过。

于是少年徒手抓住了鲷鱼。

接着，他大口大口地啃起鲷鱼来。他饿坏了。

可是，尽管食物有了着落，他却依然算不上尝到了料理的滋味（要是换成鳗鱼店的料理师傅，捕捉食材——鳗鱼——确实是职业上的必要技能，但即便如此，那也是"料理"之前的问题）。

这时，咬住鲷鱼不放的少年恍然觉得嘴里不是滋味（是不是滋味我们无从知晓啦），于是把咬掉的肉吐出来，尝试用海水涮洗后再吃。浸入海水的味道后，鲷鱼好吃多了。少年决定从今往后每次捉到鲷鱼，都先把肉咬下来，用海水洗过才吃……如果我们这样去假设，此时此刻，他已经发现了料理。至少当他本能地想到把肉吐出来用海水洗过再吃的时候，他已经站在了料理这座无比深邃的宫殿的门前。

2 　因为健忘而风干鲷鱼

还是那个故事。

某天，少年又抓到一条鲷鱼，因为肚子不饿，便把它放在海边的岩石上。

后来，少年去别处的海滩玩耍，把鲷鱼的事忘在了脑后。几天后他回到原先的海滩，与遗忘在岩石上的鲷鱼小别重逢。

鲷鱼已被彻底晒成干，不过闻上去还好，起码不怪。好奇心旺盛的少年用指尖抠下一小块鱼干尝了尝……口感虽然与活生生的鲷鱼不同，却也不失为一种食物。打那以后，他开始尝试不时把鲷鱼晒成鱼干吃。

就这样，少年发现了风干鲷鱼。如果鲷鱼一直被遗忘在岩石上无人问津，那它不过是尚待料理的鱼的干尸罢了。然而就在少年将其放入口中的瞬间，脱水后的鲷鱼尸骸变成了"风干鲷鱼"。少年从此为了再现这一状态，开始有意识地将鲷鱼晾晒在岩石上——打那时起，他便发现了利用 1.5 亿公里开外的天火"料理"鱼的方法。

3　少年派活鲷刺身

少年与鲷鱼的故事还在继续。

涮的晒的都吃腻了，开始寻求新鲜刺激的少年某天又捉到一条鲷鱼（海中鲷鱼甚多）。这次，他抓着鲷鱼游上岸，把鱼按在岩石上，冲着这条活蹦乱跳的鲷鱼掏出刀子又是切又是剁。接着，他采来附近的草叶，把切下的鱼肉盛在草叶上。换句话说，这便是鲷鱼的"活造"[1] 了。

做到这个地步，不得不说这已经是一道料理了。少年由此穿过入口，向着料理的宫殿又迈进了一步。

草叶上那一摊黏糊糊的鱼肉——"少年派活鲷刺身"——显然与日本料亭中庖丁名手以纯熟的技艺解鱼装盘后的"活造"相差甚远，其差距就好比从宫殿入口到中庭之间长长的走廊。但是尽管如此，两者又确实由这条走廊连在了一起。

---

[1]　译注：活け造り，日本一种料理活鱼的方式。做法是将活鱼打昏后在不伤及内脏的情况下切下刺身，再摆回鱼的形状。

4　彼岸风范烧烤鲷鱼

所谓料理，即是料选与处理的意思。料理又称调理，其中"料"字与"调"字几乎是同一含义。换句话说，调配并处理事物的行为便是料理，或称调理。

事物并不限于食物。

在给定的条件下，哪样东西如何处理才最为妥当，权衡过后做出合理的行动，以得到最优的结果，并将事情解决，这便是料理。

"本次首脑会谈中，首相展现出其料理事物的手腕"，或者，"汽车在高速公路上熄火了，但由于他料理有方，我们赶上了晚餐"——料理这个词也可以这样使用。

那么在我们所关注的饮食问题上，料理一词又有着怎样的含义呢？

应该会得出这样的定义吧："将手中食材予以适当加工使其易于食用（并获得更好的味道）的行为，以及由此产生的结果。"

诚然，巧妇难为无米之炊，挑选上好的食材——不仅限于日本料理，在做法国菜、中国菜，又或者其他哪国菜时都一样——是做出美味佳肴必不可少的基础条件。但仅仅是将食材搞到手（料选）还无法构成料理，到此为止仍是料理之前的准备阶段。只有将这些食材以某种人为的方式加以处理，料理才真正开始。抓到的鲷鱼再好，如果拿起来就啃，料理便荡然无存了。

发明料理一词的中国人，着实灵巧。

不过"料理"这个词，即使明白了它的含义也不清楚具体该做些什么，因为词汇本身并未给予任何提示，只是说"适当行事、妥善处理"。换句话说，"去料理便是"。这不是叫人为难嘛！

在这一点上，雄霸一方的法国人就要简单明快得多。

法语中称料理为"cuisine"。

"Cuisine"同英语中的"cooking"一样都源于拉丁语词汇"coquere"。

不仅限于英语和法语，"coquere"几乎是所有欧美语言中料理一词的语源，其含义是"用火加热"。

换句话说，在以法国为首的欧美国家眼中，料理指的便是加热

　　　　　　　　　　　　　　　料理的四面体

这一简单明快的具体行为。

这样一来，如果认同地球那头的"人类在驾驭火后才第一次做出料理"的观念，那么捕鲷少年只要没有选择以下三种步骤之一处理鱼，他就算不上进行了"料理"：一、将鲷鱼架在篝火上烘烤；二、将鲷鱼埋在篝火的灰烬里蒸烤；三、将鲷鱼随海水一起倒入沙坑，再放入加热过的石头，用炖煮等形式利用火。哪怕用盐水涮过的鱼肉再好吃，剁碎后盛在草叶上的鱼肉再妖娆，他的作品都尚未触及料理的疆界。与此同时，即便是当代日本登峰造极的料理名人所完成的料理艺术，只要是刺身一类不沾火的东西，按照西方流派的标准恐怕也是"前料理时代"的原始玩意儿。

| 5 开胃菜 |

关于哪种食材应该用火、哪种食材又不该用火，西方人，比如法国人，在传统上就有着明确的区分。

凛冬将至，各家餐馆纷纷在门口摆出摊位，贩卖螃蟹、海胆和蛤蜊。这是宣告品尝新鲜贝类的季节已经到来的亮丽风景。

法国人喜欢将鲜活的贝类直接剥了壳吃。边饮冰镇白葡萄酒边吃新鲜的牡蛎对于法国人来说是无上的快乐。就让我们走进一家这样的餐馆，点一道牡蛎或是海胆吧！

下过单后，服务生会到店外的摊位前，把单据交给那里的男子。于是男子照单如数剥开牡蛎的外壳，海胆则由正中将壳平切成两半。不论牡蛎还是海胆都被带着壳摆在铺满海草和碎冰的托盘上，然后添上柠檬。摆好盘后，服务生将这盘海鲜端到客人桌上。其间，餐厅后厨的师傅们对这项工程不闻不问。当然了，如果吃过这道生冷贝类的前菜后还打算吃些热乎的，比如烤牛排或是烤、煮的贝类这样的"料理"，从服务生那里接过单据的厨师们就要忙活起来了，但是处理生冷的贝类，并不被视为厨师的工作。习惯上，那个在外头摊位上负责处理贝类的男子被称为"剥壳人"（l'écailler），而并非"料理人"（cuisinier）。哪怕他有一双能够识别贝类好坏的慧眼，哪怕他剥壳的技艺再精湛，装盘的技巧再高明，也不会被认为是一介"料理人"。

此外，视餐馆而定，如果客人点一道名叫"生蔬菜拼盘"（crudité）的前菜，漂漂亮亮地装点在送餐车上的蔬菜便会由服务生放在小案板上三下两下切好（不过技术十分拙劣），然后拌上酱汁端上餐桌。因为是当着客人的面，那些喜欢耍帅的餐馆大多会让人如此表演一番，不过台前操刀者一定是服务生而非厨师。至于用服务生的理由嘛，不过是切一切剁一剁的差事，哪里需要劳烦"料理人"亲自上阵呢！

要是点一客香肠拼盘，萨拉米等各色香肠也会是在店内一角由服务生切片后端给客人。在一些豪气的餐厅里，服务生更是会把一篮子香肠和案板、刀具一齐带到餐桌旁，请客人随意挑选并自行处置。类似"切东西"这种单纯至极的工作，就是要交给服务生甚至是客人自己来做。

说起来，听到"hors-d'œuvre"（开胃菜）这个词时，在日本人脑海中浮现出的应该是把各种精致的菜品取少量然后展示在一起那美不胜收的情景吧。

但实际上，开胃菜原本是在等待主菜做成时，为了方便人们随便吃一些东拼西凑的材料充饥发展而来的。所以在原则上，要将萨拉米啦，火腿啦，肉泥啦，或是生鲜蔬菜和油浸鱼等各种马上可以入口的东西简简单单地端上餐桌。换句话说，端上来的尽是一些"尚待料理"的东西。因此在法语里，开胃菜（hors-d'œuvre）的字面意思是"工作"（d'œuvre）之"外"（hors），也就是说，开胃菜从一开始就被安置在厨师的工作范围之外。

6 日式鲷鱼刺身

对于上述情况，日本人的哲学则正相反。同样是切几刀就吃的事情，恐怕没有哪个料理人胆敢把还没有切片的金枪鱼肉块放在案板上让客人自给自足吧。想必也没有哪家店是"板前"[1]对下单的刺身漠不关心，全权交给招待打理的。在日本料理中，"切"与"盛"——换句话说，就是 cutting and display——的技艺，是料理人之所以为料理人必不可少的素养。

能够给"庖丁人"（掌刀人）这个词与"料理人"（厨师）画等号的便是日本料理了。

还有"板前"这个头衔，在日本等同于餐厅里的厨师长。

近来随便哪位料理人都可以被众人称为板前，但这个词原本指的是餐厅里地位最高的、唯一一位可以站在"板前"的料理人。"板"即案板，"板前"就是"chief cook standing before the board"。能够站在板前切鱼摆盘的，才是最为杰出的料理人。

在日本料理中，如何用刀一直以来都可以说是比如何用火还要重要的。

---

[1] 译注：板前，日式料理屋的厨师。

通常来说，料理的目的在于保存食物，或者令无法食用和不易食用（不好吃）的材料变得能够食用（好吃）。料理的技艺正是在挖空心思达到这一目的的过程中发展出来的。追求料理技艺的动力来自求生本能以及为了实现自我满足的执念。日本料理原本也是这样。但不知为何，日本人从某一时期开始一心追求新鲜的、尽量不去加工也能食用的材料，并热衷于将这类食材切割、装饰得尽善尽美。日本料理人成了前头我写过的那位"被艺术才能眷顾的原始少年"。

很多时候，料理在日本亦被称为"割烹"。割烹一词同样由中国传来，"割"即切割，"烹"是（用火）煮、烤的意思。换句话说，割烹说明了"料理行为"的具体内容。但与欧美那种"不使用火就无法称之为料理"的强硬见解不同，割烹将"割"（cutting）的部分也囊括在内，这显然更符合日本人的料理观。

诚然，虽说只是将鱼肉切割后食用，但是实际上同一条鲷鱼是由少年切剁还是由板前制作，味道迥然不同。而同样是经由板前之手，不同板前手上的功力也有高低之分，料理的味道也会随之产生差异。此外，配菜的选择、使用何种器皿、装盘的美观程度（尤其对日本人而言）也很重要。若将这些都视作影响味觉的重要因素，能够将这些要因"料选处理"妥当的人，才是一位优秀的料理人。如不这样去考量，日本料理便将失去立足之地。

| 7 生鱼 | 最近，在日本常能听到一句法语，"nouvelle cuisine francaise"，意思是"新法餐"。 |

为传统法餐带来新风尚，使其更好地适应时代的潮流——新法餐便是这样一股改革的"新浪潮"，其发起人是一批新锐厨师与支持他们的美食评论家。他们以传统法餐中不存在的意识创造出新的菜色，并以此接受世人的考验。

简而言之，这种风尚使用淡雅的调味酱汁取代原本口味浓厚的酱汁，并摒除偏见，启用以往法餐中不受青睐的食材，而且较之过度加工，更着重发挥食材本身的味道，致力于做出减轻肠胃负担、膳食平衡的菜肴。

有人说，这种创新是从日本料理中获得了启示，但那不过是以讹传讹，恐怕是旅日法国厨师为了讨得日本人欢心而献上的外交辞令。

新法餐是顺应时代需求的产物。当代快速的生活节奏容不得人们大吃特吃然后大白天睡大觉，何况营养过剩造成的肥胖已被视为一种品行不端，加之参与国际交流的趋势日益增长，如此压力之下，法国大肚汉的国粹保守主义也不得不穷极思变。可以说，"新法餐"现象就是变通的结果。这场变革并非发生在一夜之间，而是连接着过去，缓缓迈向新的方向。但引领这场变革的厨师与理论家们却是大步流星朝前走，由他们研究出的菜单就像服装设计师展现的平常不会穿戴的奇装异服，超越了过往法国菜的常识，例如"日式刺身风格"薄切鱼片、裹着酸甜调味酱汁的"中式糖醋里脊"、使用酸奶酱汁的"西亚中东风味"菜。"新法餐"的前沿工作虽然稍稍落后于时尚的风向标，却有着能够与时尚界的 Folk Roll（民族风）流行元素相匹敌的强烈色彩。虽说在另一方面，新法餐优待肠胃、平衡膳食的志向，又与运动款和职场服饰的流行趋势相映成趣。

"日料给予法餐革新的启示"——若仅凭这一句话便沉醉在国粹至上的喜悦之中，未免太过单纯，不过从生鱼片的角度来看，哪怕只得到一小撮喜好新奇事物的受众的拥护，法国人吃生鱼的现象俨然已给法餐的传统带来巨大颠覆。

因为法国人虽然生食贝类，却向来不吃生鱼。

听闻日本人喜好吃生鱼——poisson cru——的时候，法国人大多会皱起眉头，恐怕在心里想：日本人好残忍！似乎在听到"生鱼"二字时，法国人脑海里瞬间浮现出的是滑溜溜的沙丁鱼和青花鱼，闪耀着青色的鳞光。因此一听说要吃生鱼，便以为是要从那滑溜溜的脑袋上嘎吱一口猛咬下去，顿时会觉得残忍不堪（这和日本人觉得西洋人吃带血的肉面目狰狞是一个道理）。

就是在这样的法国，一些赶时髦的餐馆最近开始将生鱼编入前菜菜单。这些生鲜不愧为新锐作品，在诸如巴黎第十四区的"Le Duc"这一类高档海鲜餐厅，菜单上出现了法国人闻所未闻的前卫名称："橄榄风味薄切生扇贝""青花椒风味生三文鱼肉碎""海草凉拌海鲈鱼"。

"Le Duc"的厨师长保罗·曼彻瑞很早以前便为菜单添加了生鲜菜品，但是直到最近几年才开始人气急剧上升。如今，效仿他的餐厅已如雨后春笋。由此可见，生鱼在法国已逐渐为人所接受。然而，被视为新法餐旗手的饮食评论家在介绍这家餐厅时却赫然写道：

"所谓生鱼，绝非**懒惰**厨师的发明，亦非**无能**厨师的点子。"（黑体部分为笔者注）

从其刻意的措辞来看，"省去火与火候的东西便不能被称为一道菜"，这种观念在法国人心中果然根深蒂固。不仅如此，这些打着新法餐旗号的生鱼（法式刺身），要么切得很薄，要么将鱼肉剁碎然后拌上植物油（橄榄油）和各种香料，端上餐桌时也要佐以食盐或者柠檬汁方可食用。

附篇：

刺身的伙伴

在大溪地等南太平洋法属地区，餐厅的菜单上有一道"poisson cru"（生鱼）。下单后，端上来的是将类似金枪鱼的鱼肉切块后裹上香味菜末，再用朗姆酒调味酱汁腌至发白的菜。这道菜不论色泽还是味道，都与日本的醋拌凉菜十分相似。

同一本菜单上还有一道"sashimi"（刺身）。同为生鱼，这道菜不仅拼写方式和日本刺身一样，连吃法也是将薄切鱼肉直接装盘，再附上一小碟酱油和芥末。因为这是日军驻扎南太平洋诸岛时遗留下来的文化产物，只有在点这道菜时店家会送上一副筷子。

在秘鲁，有一道菜叫"柠汁腌鱼"，也是由生鱼做成。这道菜是将白肉鱼切成薄片后撒盐，再倒入大量青柠汁腌制。也可加入切碎后的芹菜等蔬菜一起腌。放置一小时后，等鱼肉和调味酱汁都发白了，味道会变得融洽而可口。

向生鱼片中浸入醋味，其实是太平洋沿岸地区随处可见的传统做法。日本的刺身便是诞生于这种传统，随后获得了自己独特的进化。

8 中式刺身

中国也有刺身。

这是一种把生鱼切成薄片，撒上香味各异的蔬菜、果物和各种风味的香料，再用油和调味料拌匀后食用的菜肴，风格上与新法餐的"刺身"十分相似。制作中式刺身时会用到中国酱油，这一点倒是与日本刺身更为接近，不过要拌上油就一点也不像了。

此外，同法国一样，吃生鱼在中国只属于极少数人的饮食习惯。中餐基本不存在生吃的情况。一如欧美人，中国人也认为"没有用火加热的东西就算不上菜"。

中国有一个词叫"脍炙人口"，意思是众口称赞、广为人知。"炙"指的是烤熟的肉，"脍"是（用醋和香料拌成的）生鱼丝。正因为这两种食物经常被人食用，才有了"脍炙人口"这个词。似乎古时的中国人特别喜欢吃生鱼，然而随着时代的变迁，中国人摒弃了生食的习惯。

至于原因，最有力的说法是铁器与煤炭的广泛使用（也有人认为是元代以后，作为统治阶层的北方游牧民族不好生鱼，但这种说

料理的四面体

法被认为缺乏说服力）。

也就是说，随着铁产量的提高，铁器不仅被输入战场，还走进了千家万户——铁锅成了厨房里的常备器具。再加上煤炭的普及，使得强火长时间持续燃烧成为可能。恰逢此时，植物油的量产技术获得了突破，在这项技术的推波助澜下，将油在铁锅中用强火加热这一现有的中餐风格得以成型。

虽然无法确切地指出这一转折发生于何时，不过大致在13世纪末，中国人已经放弃生食的习惯，开始走上与日本人截然相反的道路，一往无前地追求火与油所营造的烹饪艺术。这样做的动机虽然难以知晓，不过在获得了铁锅、强火和大量的油等前所未有的"文明利器"后，以往那些诸如"炙"（烤肉）、"脍"（刺身、生鱼丝）而成，"懒惰"和"无能"的厨师似乎也能够做出的单纯菜品，就显得过于古老和原始了。或许当时掠过人们心头的便是这样一种近代化的冲动吧。想必是这股能量使中国人一跃成为火与油的魔术师。

而在经过这一转型期后，"料理"（适当地料选与处理）和"割烹"（切割与炖烤）这类语义模糊又宽泛的词语，切实地转变成"用火加热处理"的意思。在这一点上中国与法国达成了共识，日本则被排除在外（直到七百年后生食类料理——刺身与沙拉——作为"反文明"风尚浮上世界舞台为止）。

9 肉脍－生拌牛肉

说起生鱼丝这道菜，最近变成了只有在过年时才能吃到的东西。

不过日本的生鱼丝，通常指的是用"三杯醋"（醋、酱油、白糖）拌出来的白萝卜与胡萝卜的红白[1]。然而细看"脍"这个字（膾，"生鱼丝"在日语中的对应汉字），左半边为肉月旁，这表明"脍"原本是一道肉菜。

在古代中国，鱼类刺身和鱼肉、蔬菜的拌菜确实常为人们食用，但似乎肉类刺身也并不少见[2]。当时的中国人大概是将生肉与大量盐、香料和调味料混合后食用的，或者是混合后放置一段时间，再用舌尖品味食材发酵的芳香。

发酵后的味道暂且不论，肉类刺身本身就非常美味。

不论是朝鲜料理中的生拌牛肉，还是从欧洲传来的鞑靼肉排，味道都无可挑剔。

---

[1] 译注：室町时代以后，生鱼丝在日本派生出了"醋拌素菜"的做法，并以年菜的形式保留至今。

[2] 译注：在日本，鱼肉并不被归为肉类，因此生鱼丝也被称为"鱼脍"。

朝鲜人将生牛肉切成细丝，加入酱油、香油、白糖、蒜末、辣酱、烤芝麻等调味料，充分混合后做成汉堡肉饼一样的形状，再在上面撒上松仁，并磕一个蛋黄在中央，这便是生拌牛肉的标准做法。

在朝鲜语中，生拌牛肉的对应汉字为"肉脍"，即"生肉丝"的意思。

另一方面，鞑靼肉排也是将肉切细剁碎，然后加入食盐、胡椒、洋葱末、欧芹末、千金子等香料，搅拌均匀后同样在中央磕一个蛋黄（虽然名叫肉排却不用火烤）。

尽管朝鲜半岛和欧洲使用的香料多少有所不同，但是制作这两道菜的理念却是完全相同的。"鞑靼"原本是中国北方的骑马民族，由于该民族好吃生肉，鞑靼肉排才得此名。朝鲜半岛的肉脍据说亦是受到了中国北方民族的影响。因此这一东一西两道生肉做成的菜，可以说是曾经驰骋于亚洲中部，以肉果腹、久经沙场的雄壮民族遗留至今的遗产。

10 马肉刺身

话说回来，北方骑马民族用生肉做菜时使用的材料其实是马肉。永无停息奔走于高原地带的骑马民族会吃掉死去的马匹，以此来补充元气。归根结底，鞑靼肉排和生拌牛肉的祖先是马肉刺身。不过，骑马民族的马肉刺身与在日本见到的马肉刺身（例如熊本和长野等地的特产），在卖相上有着极大的不同。

日本的马肉刺身不但味美，而且在形态上也是将马肉艺术化地切得又大又薄，并用酱油与生姜（或再加入葱末）调味来吃，极其淡雅。这与大陆东西部现存的生马肉迥然不同：那里的生马肉血肉模糊、混有各种气味强烈的香辛料，味道复杂。

若拿生鱼刺身做比喻的话，这种差异就相当于日式吃法是蘸酱油、芥末（或生姜），很清淡，而大陆人不拌油和香料就觉得索然无味。

在背后支撑起日本人生食理念这一纯粹志向，并且化身为理念象征的，便是酱油。

酱油的前身是酱。

古时候，酱指的是将肉和鱼用盐腌制后制成的发酵食品——盐辛。换句话说，由盐辛这种易于保存的食物衍生出来的调味料，就是酱了（例如凤尾鱼酱和越南鱼露）。使用同样的方法令谷物和豆类发酵，做成的便是近似于味噌的东西。而在味噌的发酵过程中产生的液体，说得直白些就是酱油。之所以使用"油"字来命名，是为了表现液体从坛子的封口处一点点溢出来、滑下来的样子。

如上所述，"酱"是由各种不同的原料发酵后制成的五花八门的调味料（酱汁）。时至今日，在中国和朝鲜，人们仍然会以这种方式去称呼"酱"，以这种方式来解释"酱"。但是极其单细胞的日本人却只从"酱"中选中了酱油，从此一路走到黑。当然，在中国和朝鲜同样存在着酱油的同类（前辈），只是与日本的酱油略有不同，而且除了酱油，还有其他多种多样的酱。但是在日本就只有酱油和味噌这两兄弟。似乎就这么一根筋走下去，世界都变狭窄了。

11 始祖青菜沙拉

或许是因为现如今的新鲜蔬菜不论何时何地都垂手可得，再加上回归自然的心境以及注重健康这一类风潮的兴起，最近一个时期以来沙拉成了俏货。

提到沙拉，人们首先想到的便是把蔬菜等食材拌上沙拉汁的拌菜，但是实际上，"沙拉"这种东西是不好如此一概而论的，这里面有许多名堂。

"沙拉"原本是从拉丁语衍变而来的法语词，后借由英语传入日本。因此，出于对其语源的敬意，在这里首先让我们来看一看法国的沙拉。在法国，沙拉仅指在享用肉菜后必定会端上餐桌的青菜沙拉。

对于饱食肉类的法国人来说，营养的均衡摄入尤为重要。因此，法国人在吃肉时一定会将一盘多到盛不下的土豆作为配菜，日常饮品也会选择偏碱性的葡萄酒，更是养成了餐后亡羊补牢一般大吃青菜沙拉的习惯。在家或在平价餐厅里进餐时，一大碗沙拉通常会同肉菜一起或紧随其后"咚"地端上餐桌。一桌人吃完肉，会先用面包刮去盘中的肉汁和酱汁，然后从那碗拌上很多沙拉汁的大片菜叶里拣出好些到自己盘子里，吭哧吭哧吞进肚子。

以上提到的便是正宗的始祖沙拉——"salade"。始祖沙拉使用的食材是与菜名同名的青菜——"沙拉"（salade）。换句话说，"沙拉"不仅是沙拉这道料理的名称，同时也是青菜——沙拉菜——的名称。因此，严格地说，不使用沙拉菜（这是一种介于日本沙拉菜与生菜之间，涩味更强、质地柔软的卷心莴苣），沙拉便不能被称为沙拉。

这道始祖沙拉一定是在吃过肉菜后食用，所以绝不会作为前菜登场。前菜吃的生蔬是胡萝卜丝、芹菜芯、西红柿片、黄瓜片和甜菜丁。这些生蔬通常也会拌上大量沙拉汁来吃（生吃樱桃萝卜时只加盐和黄油的情况除外），所以在实质上与吃沙拉无异。尽管如此，前菜吃的不使用沙拉菜的蔬菜拼盘却不被称为"沙拉"，习惯上称之为"crudités"（生的东西）。总的来说，沙拉与前菜生蔬的区别，就类似于炸肉排与煎炸食品的区别。

然而随着沙拉在现代的飞速发展，"沙拉"一词已经成为一个涵盖面非常广的菜名。

今时今日，crudités 已被人们称为"salade de crudités"（生蔬沙拉）——沙拉菜与其他食材结成拍档在前菜档粉墨登场。曾经的狭义命名土崩瓦解，沙拉变成了不拘泥于沙拉菜的生冷菜品总称，就连不是蔬菜的鱼虾贝类，乃至培根、火腿、肉泥和鹅肝，都可以被放入"沙拉"。事到如今，沙拉早已不是单纯由蔬菜构成的菜品，而是一种近似于"完全食品"[1] 的存在。

此外，沙拉所使用的沙拉汁在过去被限定为油醋汁（将醋和油以 1:2 混合后加入胡椒盐、符合自己口味的香草以及芥末等香辛料做成的酱汁，又称法式沙拉汁），但是现如今的沙拉汁中不仅可以添加鲜奶油和酸奶等材料，更是凝聚了各种新的创意。

---

[1]　译注：完全食品指富含人体所需的各种营养物质的食物，这一概念由二木谦三于 1921 年提出。

事已至此，菜品的命名再次呈现出一片混乱的局面。看来有必要从全新的角度对烹饪分类重做审视了。

12　极其不可思议的沙拉

在西式烤肉上淋酱油汁的吃法最近广为流传。对于听到"酱汁"二字只能想到茶色伍斯特沙司和黏稠的炸猪排沙司的老派日本人来说，"酱油汁"是个古怪的说法。总的来说，酱油汁是指用酱油做出的浇汁。相传这种搭配非常美味，引得不少人争相尝试。此外，听说在沙拉汁中添加酱油可以获得别具一格的风味后，如此实践的人同样很多。

我就是其中之一。亲自下厨做沙拉时我常放酱油。

但实际上我并不是只放酱油，而是对这一类调料来者不拒。

拉开厨房水槽下面的柜门，假设那里摆着橄榄油罐子、芝麻油瓶子、装色拉油的塑料容器，以及日本酿造醋、法国红酒醋和酱油瓶子。把这几味调料每一样都倒出一点在碗里，再把冰箱上方柜子里偶然映入眼帘的东西——百里香、龙蒿、红辣椒、牛角椒、莳萝、牛至，以及药研堀的气味粉——也适当地撒一点进去。然后，加入蒜末、鲜榨柠檬汁和胡椒盐。最后将这碗复杂的混合物搅拌均匀，便会做出极其不可思议的流态物体。大多数情况下，这碗流态物体的味道不坏。当然了，如此调制出的酱汁，最终效果扑朔迷离，混合比率完全视当日的心情与手感而定，因此不必去介意日后无法做出相同的东西。虽然放宽心情后制作起来会更加随意，但由于影响结果的因素繁多，反而不容易酿成大错。何况，由于是不可复制的挑战，制作者往往相信自己能够做得好吃，并且全心全意、斗志昂扬地投入到制作中去，这会使成功率大幅提高（只要这样去相信就一定可以成功）。

将这碗调味汁与西红柿、青椒、芹菜、水芹、香葱、紫苏叶等蔬菜切成的丝混在一起，一道"此生仅此一次的自制沙拉"就做好了。

由于混合了多种多样的材料，这道沙拉可以让食者品尝出千奇百怪的味道，但是也不要因此便对探索味觉的新大陆有所忌惮。

既然已经上了贼船，就应该抱着勇往直前的精神，在下次制作沙拉汁时把味噌、砂糖、海带汤、豆腐碎、芝麻粉等一切可以找到的材料统统凭着当时的手感投放进去。

只要无所畏惧地去尝试，极其不可思议的流态物质便会呈现出更加不可思议的面貌。然后用舌尖去品尝——那才是真正不可思议的味道。

归根结底，如此完成的这道菜，就叫它"极其不可思议的沙拉"也未尝不可吧！毫无疑问，这就是一道不可思议的菜，并且它可以被名正言顺地称作沙拉，这一点同样毋庸置疑。

13 希腊式醋拌章鱼

如前文所述，不论加入何种调料都能做出和沙拉（的酱汁）八九不离十的东西。这点已经得到了证实。那么，这些调料当中缺少哪几味就无法做出沙拉汁呢？

这次我们不做加法了，来试试减法。

刚才制作"极其不可思议的沙拉汁"时使用的材料如下：

1.油；2.醋；3.盐；4.香辛料（辣椒）；5.酱油；6.味噌；7.砂糖；8.高汤；9.豆腐；10.芝麻。

如果从中减去 6 ～ 10，就得到了较为稳健的自制沙拉汁。进一步减去 5，得到的便是所谓的法式沙拉汁。

料理的四面体

如此看来，油与醋的组合便是最终防线了。但是，如果在此大胆地将醋减去，又会得出怎样的结果呢？

韩国料理中有一道名为"韩式拌菜"的沙拉。这道菜是将豆芽、菠菜、紫萁等蔬菜仅使用油搅拌制成的。不论从外观的角度来看，还是从做法的角度来讲，这都是不折不扣的沙拉。只不过，韩国人在制作这道菜时有撒芝麻来吃的习惯，因此，韩式拌菜的调味酱汁组合公式应为1+3+10。

接下来，让我们无所顾忌地将油除去。当油如约退出后，调味酱汁瞬间呈现出日式料理的风貌。例如2+5+8，这是名为"二杯醋"的日式醋拌料理的拌料。若在此基础上加上7，便是所谓的"三杯醋"了。

此外，2+6+7+8是醋味噌汁（如能加入少量蛋黄的话口味更佳）；使用豆腐末的"白和"[1]拌料的方程式可以写作3+5+7+10。

---

[1]　译注：白和，用白芝麻和豆腐做拌料做成的拌菜。

材料 \ 沙拉汁名称	法式沙拉汁	和风沙拉汁	韩式沙拉汁	二杯醋	三杯醋	醋味噌	白和	辣味醋味噌	蓼醋	橘醋	芝麻酱	极其不可思议酱
1 油	○	○	○									○
2 醋	○	○	○	○	○	○		○	○	○	○	○
3 盐	○	○	○	△	△		○					○
4 香辛料	○	△						○	○			
5 酱油		○		○	○		○			○	○	
6 味噌						○		○				
7 砂糖						○	○	○	△			
8 高汤				△	△	○		○			△	
9 豆腐							○					○
10 芝麻			○				○	△			○	○

拌料成分表：○代表使用，△代表使用与否皆可。即便是制作同一种沙拉汁（例如二杯醋），方法也会因人而异（好比有人喜欢加高汤，有人则不是），表中所示分类仅是出于行文上的便利。

日本料理中的醋拌凉菜等一系列拌菜通常不被称为沙拉，但是制作这些拌菜的构想也罢，制作方法也罢，完成后的样子也罢——尽管从不放油——都只能让它们被归为沙拉的同类。

如果将西式沙拉定义为"醋油拌菜"的话，那么"醋酱油拌菜"和"醋味噌拌菜"等日式料理，不也都是响当当的沙拉吗？

这就好比西方人在吃烤鱼时一定会用到柠檬、盐和油（黄油），日本人则用酱油来替代柠檬和油脂。相对于西方人以油脂为基础制作出各种酱汁来辅佐菜品，日本人会使用酱油（及其兄弟味噌）这种酱汁（酱）去烹饪几乎全部的料理。或许可以这样总结，酱油之于日本料理，一如油脂之于西餐（参照本书第 17、18 页）。

在此让我们以希腊醋拌章鱼为例，进一步了解油与酱油的关系。

被基督徒视作"魔鬼鱼"的章鱼，在欧美文化核心国的餐桌上几乎不见踪影。不过，在其外缘的希腊、葡萄牙和西班牙等国家，人们还是吃章鱼的（法国人亦会食用短蛸）。

希腊醋拌章鱼的做法是将水煮（或风干）章鱼切段后放入碗中，

加入大量橄榄油和鲜榨柠檬汁，以及食盐和少量牛至等香辛料，顺便放入几颗熟透的黑橄榄，最后将全部材料搅拌均匀。

想要在日本再现这道菜并无难度。原料自然是选用日本产的水煮章鱼，与调料搅拌均匀后即可放入冰箱，待其冷却并充分入味后再吃。这样做出的醋拌章鱼与红酒一起享用十分美味。白色与紫红色相间的章鱼与黑色的橄榄构成了漂亮的对比色，如果上桌时再撒一些欧芹碎，就更显华丽了。

在制作希腊醋拌章鱼的过程中，如果将柠檬汁换成日本醋，将橄榄油换成酱油，再去掉橄榄果，并用和风调料替代原有的香料，这样做出来的便是日式醋拌章鱼了。

换句话说，在这一东一西两道醋拌章鱼之间，油与酱油构成了转换关系。

当然了，有人会说希腊醋拌章鱼使用了油醋汁，所以应被称为"沙拉"，而日本醋拌章鱼使用了酱油醋，所以应被归为"醋拌凉菜"。或许这种主张确实没错，但既然这道希腊菜长了一副醋拌章鱼的模样，吃起来又是醋拌章鱼的味道，上面的主张就不免让人嗅出一股视野狭隘的沙文主义味道。

14　鲣鱼打身

让我们拓宽视野。在认可"醋拌凉菜加上一滴油便等于沙拉"的同时，也要去思考"不添加一滴油的醋拌凉菜亦是一种沙拉"的可能性。前者是狭义的沙拉，后者是广义的沙拉。而若从广义出发，能够被称为沙拉的就不仅限于醋拌凉菜了。例如，用酱油和芥末（即上文那十种调料中的 4 和 5）做蘸料的"金枪鱼刺身"，也可以说是一道出色的沙拉。

刺身就是沙拉。

真的哦!

金枪鱼刺身就是金枪鱼刺身——如果以这种眼光去看待金枪鱼刺身，看到的只可能是金枪鱼刺身。然而——金枪鱼刺身其实是一道沙拉——如果对其另眼相看，它就会非常神奇地在人们眼中逐渐变成一道沙拉。

不妨这样去想象：眼前就有一张精美的碟子，上面婀娜地盛放着数片金枪鱼刺身。

赤红的部分与脂肪丰盈的粉色部分以完美的比例融在一起，水润的鱼肉上闪烁着娇艳的光芒，几片厚厚的金枪鱼刺身就这样并排躺着。仿佛要从背后将肉身托起似的，碟子上铺了一层厚厚的白萝卜丝，旁边摆一小撮姜末，背后立着一大片紫苏，而侧面则用一块切片柠檬做装饰，芥末就添在碟边。碟子前面还有一张小碟，里面放着酱油。

怎么样，这完完全全就是一盘沙拉吧？

如若仍觉得不是，只需拿起筷子将盘中之物搅在一起。金枪鱼的肉身也罢，配菜也罢，等到一切都浑然一体了，再从上方倒入酱油重新搅拌。

如何，现在是一盘混合沙拉了吧？

材料是金枪鱼、白萝卜、生姜和紫苏，沙拉汁是鲜榨柠檬汁和酱油，香辛料是芥末。等放置一段时间后，金枪鱼刺身中的部分脂肪便会融化，沙拉汁开始泛出油光，如此一来，卖相就更接近于一般概念上的沙拉了。

归根结底，刺身就是沙拉。

只不过，一上来便将一盘搅拌之后的东西端上餐桌不符合日本人的美学，所以才要在上桌之前将各种食材分别摆盘。而在享用的时候，当面搅和的行为不论从审美还是从礼仪的角度出发同样都是不被允许的，所以才要分别吃下，再在腹中做成"沙拉"。

将金枪鱼切片后单独蘸上酱油来吃，这可以说是沙拉的一种究极形态了，但是构图过于单调，人们往往无法看透其沙拉的本质。针对这个问题，如果为刺身添上配菜（配菜可不是单纯的装饰品，是当真全部可以吃掉哦），只需稍微转换一下思维方式便不难将其看穿。同理可知，用橘醋（酱油醋）与红叶泥（由白萝卜和辣椒捣成的菜泥）做成蘸酱搭配河豚也是一种沙拉式的吃法，而土佐名产"鲣鱼打身"——若不被其名称迷惑的话——也是不折不扣的沙拉。下面就让来我现身说法。

众所周知，制作鲣鱼打身，首先要将整条鲣鱼片成三片，除去中间的鱼骨，然后在短时间内用强火烘烤半扇鱼肉的表皮。待其冷却后，把鱼肉切成厚片，撒上食盐和打醋（以柚子为主要成分的调和醋），同时用手心或刀背敲打鱼肉使其入味。随后，将白萝卜捣成泥或切丝，将生姜擦成姜末，并按照个人喜好把青椒、紫苏、香葱等蔬菜剁碎后随滚刀蒜片一起撒在鱼肉上，再次添加打醋后放入盘中静置一段时间……以上便是在自家制作这道料理时的步骤。由于和各种蔬菜乱糟糟纠缠在一起，鲣鱼刺身的外观毫无美感可言，但味道却妙不可言。一些注重卖相的料理店会将鱼肉与菜码分开，把这道菜打造成普通刺身的模样，但是，莫如说这样才是邪门歪道。打身这种东西，就是要体现出沙拉一般的"乱"。

15 鞑靼风情竹荚鱼打身

既然说到了土佐的鲣鱼打身，就顺便也说一说房州的竹荚鱼打身吧。

制作竹荚鱼打身，要将竹荚鱼切头去尾，中段用菜刀剁碎。取一张长长的圆盘，左边放鱼头，右边放鱼尾，中间盛剁碎的鱼肉，用姜末葱末做药味（香辛料），蘸酱油吃。这不就是用竹荚鱼做成的鞑靼鱼排嘛！将鱼头鱼尾摆在盘子里做装饰，这自然是料理店的发明。原本只是将两扇鱼肉（偶尔连鱼骨一起）剁碎后撒上姜末、葱末（以及味噌或酱油），搅拌一下即可食用。这是渔夫们的家常便饭，（由于出海打鱼时亦会在船上食用）更是渔民的"行军粮"。由此看来，竹荚鱼打身确实充满了鞑靼风情。

本书第104页在介绍新式法餐厅"Le Duc"时，曾列举过菜单中的"青花椒风味生三文鱼肉碎"。这道菜的法语名称为"Tartat de saumon au poivre vert"，即青花椒风味的鞑靼式三文鱼肉。

打身即鞑靼，鞑靼即肉脍，肉脍即刺身，刺身即沙拉，沙拉即醋拌凉菜等一系列拌菜……如此下去举不胜举，但是总归一句话，叫这些名字的料理们都是情投意合的兄弟。

16 腌三文鱼

说起把沙拉做得好吃的窍门，最重要的就是现吃现拌，快拌快吃。

和服也罢洋服也罢，刚穿上身时都是利利落落的，但是穿得久了、走形了，就显得邋遢了。沙拉也是一样。

拌沙拉（dressing，即给食材穿衣）要迅速。不论是给西洋沙拉"穿"沙拉汁，还是给和风拌菜裹"衣"，手上的动作都要迅速，而且拌好后要赶快上桌，吃的时候速战速决。

放得久了，食材中好不容易用"衣"锁住的水分便会流窜到外面，结果沙拉好像被水泡过一样，会变成一摊无滋无味的生冷食材残骸。所以在制作沙拉时，我们一定要做到吃多少食材就切多少，且吃且拌。因为沙拉里头吃剩的部分除了丢掉别无他用。

由于没有大量食材在眼前排开就会备感焦虑，所以尽管我对此心知肚明，却还是经常面对沙拉过量的窘境。虽说盖上保鲜膜放进冰箱，过后还是能吃的，但却不是一般的难吃。难道就没有什么办法让吃剩的沙拉重新变得可口吗？

一阵冥思苦想后，脑海中奇迹般凭空出现了两个想法：一个是腌制，另一个是煎炒。

想出这两点时，我感动于自己的才华，不由拍起了大腿，然而事后再一细想，便发觉会想到这两点也是理所当然的。

第二个想法我们放在后面讨论，先来看看第一个方案"腌制"。

仔细想来，沙拉原本就是一种腌制食品。所谓腌制食品，就是用某物将某物腌成的食物。好比盐腌青菜、米糠腌萝卜、醋腌黄瓜（酸黄瓜）、油腌沙丁鱼（油浸沙丁鱼）、酱油腌大蒜、味噌腌牛肉，这就是把某物（食材）用某物（调料）腌制而成的例子。

"腌"在日语中与"浸"同音，指的是将固体泡或沉在液体（流体）里（用盐也叫腌，因为盐会使食材快速渗出水分，使其被流体包围）。因此较之食材（固体），调料（流体）的比重必须大得多。

此外，腌制不仅需要把食材沉浸在调料里，也需要把食材"沉浸"在时间里。哪怕是临阵磨枪，也需要至少一整晚。

料理的四面体

从"涂满调料"和"使用的调料种类相同"这两点来看，沙拉和腌菜原本是一致的，只不过调料的用量和搅拌所需的时间相对有所不同。这种区别与食用方法上的区别又是表里一致的——沙拉要趁水分还锁在食材当中时食用，腌菜则要等水分被充分腌出后再吃。因此，在水分渗出之前来不及吃光的沙拉，可以说已缓缓向腌菜的范畴移动。若将计就计再撒一些盐，从背后推它一把，一夜过后或许可以变成真正的腌菜吧……会这样想也是理所当然的。

沙拉与腌菜就属于这种一脉相承的菜肴。

在此，请让我为大家介绍一道"腌三文鱼"。

先将三文鱼切得很薄很薄，撒上盐。然后用橄榄油、柠檬汁、洋葱末（或红葱末）和百里香等香料做成腌料，将三文鱼腌制两个小时。也可以使用青花椒或刺山柑添加香味。等上桌时将三文鱼移至浅盘，再撒少许腌料和欧芹末，并用柠檬片装饰周围。此时香味已沁入鱼肉，粉红的边缘已略微发白，肉质变得紧实，非常美味。

虽然以生三文鱼做主料，这却是早在法国人见到刺身惊呼稀奇以前就已存在的法国菜。或许法国人认为把鱼肉腌上两个小时便已不算生鱼了吧。但若将这道菜的上桌时间提前两个小时，它便由腌菜变成了拌菜。而实际腌出的鱼肉依然相当生鲜，所以这道菜自然应该更名为"青花椒风味薄切生三文鱼",并被归类为沙拉。

腌制(mariner)这个词曾多次在本书的第一章中出现,但是每一次指的都是料理前的准备工序,比如将肉在腌料中浸泡一段时间,使肉入味,同时使肉质变嫩。在制作生姜炒猪肉时,我们就会先将猪肉在生姜和酱油中腌一下再炒。

就是这个腌制的状态,定睛一看,猪肉浸在腌料里不就仿佛一道"生姜酱油拌生猪肉片"吗?然而在习俗上我们不会生吃猪肉,所以不可能直接将这盘猪肉端上餐桌。不过,要是把猪肉换成牛肉,就会做出一道由"生拌牛肉"派生出来的沙拉了。

而若将这道名为"生姜酱油拌生牛肉片"的沙拉在油锅中唰地翻炒一下,起锅便成了"生姜炒牛肉"。

换句话说,沙拉(拌菜)就是一盘未经火焰加热、"尚待料理"的炒菜。

因此,假如有吃剩的蔬菜沙拉,就势将其放入锅中做成"油醋汁风味炒菜"便是(因为拌沙拉时使用的是油醋汁嘛)。不过以上做法仅限于纸上谈兵,实践过后不难发现,这么炒出来的菜的味道实在是奇葩得可以。

┌─────────────────────────┐
│ **17　叙利亚风味烤茄子** │
└─────────────────────────┘

原则上，沙拉是生鲜材料与衣（拌料）的混合物。因此，我们才说它相当于炒菜受热前"尚待料理"的状态。

但是实际上，也有许多沙拉是由加热后的食材搅拌而成的。因为一部分蔬菜更适合煮过后食用，例如土豆就是它们的代表。

将煮过的土豆随意切块（或切成较大的正方体），并根据个人喜好混入其他蔬菜（如煮过的青豆和胡萝卜等），然后使用以美乃滋为主要原料的沙拉酱进行搅拌，最后以白煮蛋作为装饰，一道全部使用水煮食材的"俄式沙拉"（别名土豆沙拉）就做好了。

当然了，若要向沙拉中加入鱼虾贝类，通常会先焯一下；众所周知，制作鸡肉沙拉时所使用的鸡肉，也是从烤鸡身上撕下来的。

日本料理向来不存在生食蔬菜的习惯（菜泥除外），因此菜单上不可能出现纯粹的生蔬沙拉，不过煮菜做成的沙拉种类却非常丰富。日式拌菜使用的几乎全部是煮过的蔬菜，将蔬菜焯过后淋上酱油吃的"御浸"（おひたし），按照我们的分类也应被归为沙拉。除了煮菜的做法外，"御浸"还包括将调过味的炖菜放凉后食用的"炖御浸"，以及在烤蔬菜上面淋上"露"（衣）来吃的"烤御浸"。

烤茄子就是一道十分美味的烤蔬菜料理，在夏日的夜晚享用再合适不过了。可是，在烤茄子表面淋上酱汁（酱油或者混合了高汤的酱油）来吃的风格，与其说是在吃沙拉，不如称之为吃烧烤。

不过呢，同样是这道烤茄子，也可以做得"非常沙拉"。

先将一整个茄子用强火烤到表面发焦。等茄子烤好后浸一下冷水，除去烤焦的外皮，只留茄瓤（到此为止与日式烤茄子无异）。接着将茄瓤倒入碗中（擂钵更好），捣碎后撒上椒盐和百里香等香料，并加入大量酸奶一起搅拌。最后，淋上橄榄油搅拌两下，放入冰箱冷藏。一小时后取出，盛进一口冰镇的深碗，周围用柠檬片和橄榄果做装饰，撒上绿色的欧芹就可以上桌了。

这道菜是我侨居巴黎时隔壁的叙利亚青年亲手教给我的，想必是正宗的叙利亚做法吧。夏日良宵，放一瓶凉透的白葡萄酒在庭院的桌子上，一边看夕阳西下，一边在稍微烤过的吐司上抹这道沙拉来吃，快哉！

18 南蛮醋腌西太公鱼

在锅里倒上醋、砂糖、酱油和酒，兑上高汤煮开，然后放入去籽后切成圆片的红辣椒。等晾凉之后，将刚刚出锅的油炸西太公鱼趁热浸在一碗这样的调味酱汁中。

这道菜便是南蛮醋腌西太公鱼（或叫南蛮醋拌西太公鱼）。虽说是腌制料理，却并不需要放置几天时间，鱼放凉就可以上桌了。

这道菜通常被归类为"油炸御浸"，因此在广义上，或许可以把它当作一道沙拉，要不然就是一种蘸调味酱汁（蘸料）来吃的油炸料理。

到底应该分在哪一类呢？

与西太公鱼类似，烤茄子和菠菜御浸在归属问题上也有些模棱两可。菠菜御浸是将菠菜煮熟后蘸调味酱汁来吃的一道水煮料理。如此说来，将猪肉煮熟、放凉后切片，再蘸上酱油醋和辣油的吃法又该如何分类呢？是炖猪肉，还是猪肉沙拉？归根结底，沙拉与酱汁之间有着怎样的关系呢？用来制作沙拉的拌料，不论油醋汁还是蛋黄酱，都属于酱汁的一种。那么只要是用酱汁拌出来的，都可以被称为沙拉吗？要是这样的话，淋酱汁吃的肉排不是也变成沙拉了吗？如此一来这个世界岂不是变成了"沙拉以外再无料理"？

结论至此，疑问勃然升起。

然而会得出这样的结论也无可厚非，因为事实当真如此。

我在第一章时曾讲过，"酱汁"（sauce）一词源于拉丁语的"盐"（sal）。与酱汁相同，"沙拉"（salad）一词亦由 sal 衍生而来，其本意是"添加了盐味之物"。

假设有一根黄瓜，我们为其添加盐味后食用。这时，黄瓜蘸的盐就是"酱汁"，蘸了盐的黄瓜就是"沙拉"。又好比有一块烤肉，我们蘸盐后食用。这样一来盐就成了烤肉的"酱汁"，获得了盐味的烤肉（肉排）就成了沙拉……

换句话说，肉排就是沙拉——如果极端忠于原则，事情也可以这样讲。

简而言之，盐是调味料之源，是人类不可或缺之物，所有料理均以某种形式"被添加了盐味"。既然如此，这个世界的确是"沙拉以外再无料理"了。

从这一观点出发，人们提出了与"人类在学会使用火后才第一次发现料理"相悖的论题——"人类在学会使用盐之后才第一次发现了料理"。

<table>
<tr><td>

```
┌─────────────────┐
│ 19  温吞田鸡沙拉 │
└─────────────────┘
```

</td></tr>
</table>

火与盐，谁更有决定性？这几乎是一个无须争论的问题，可以说，两者同样正确。只不过，若接纳了火的论题，生冷菜肴便会被逐出"料理"的范畴，而"盐"的理论则将生冷菜肴囊括在内，从这一点来看，盐的"射程"或许更远。

然而，以法国为首的西餐诸国长期秉承"火焰至上主义"，使得沙拉为何物的问题向来没有得到人们充分的认识。人们会不自主地认为，沙拉就是凉拌的生鲜食材，虽然不只限于蔬菜，亦包括肉类鱼类，而且可以使用火来加工，但是依然觉得沙拉不凉就难为沙拉。总之，沙拉的概念在人们心中不清不楚。

沙拉之所以为沙拉，并非取决于温度的高低。

某本法国烹饪书在介绍新法餐时列举了下面这道菜。

将田鸡腿用胡椒盐腌过以后，拿黄油嫩煎。煎时要使用强火，煎出焦色后盛到盘中。另取一碗，添入鲜奶油、蛋黄和少许醋，并用牛角椒（一种红辣椒）提香，之后加入小葱（虾夷葱）末，充分搅拌制成酱汁，盛入碟中与嫩煎田鸡腿一起上桌。

这道菜便是"温吞田鸡沙拉"（Salade Tiède de Grenouille）——书中如此为之命名。

诚然，煎好的田鸡在制作酱汁的过程中已经变得不冷不热，确实可以称为"温吞"，但是问题在于：这道菜难道是沙拉吗？是放凉之后才"变成"沙拉的吗？那么田鸡还热着的时候就不是沙拉喽？如果纠结于食物的冷热，就钻进了牛角尖。

关于这个问题，还是考虑得简单一点为好。

沙拉，归根结底，就是拌菜——将食材用调味料搅拌而成的东西。

对于生冷的食材，如果用调味料搅拌过后可以直接端上餐桌，那么它就是沙拉；如果搅拌之后做出的东西不宜直接食用，那么它就只是未经火焰加工的材料，处于"尚待料理"的状态。

至于经火焰"料理"后才与调味料搅拌在一起的食材，如果不抵触称之为沙拉的话，叫它沙拉便是。如果在习惯上对此有所抵触，叫它别的名称也无妨。而如果一道菜，比如肉排，需要往上面淋（红酒）酱汁，那么将食材与调味料进行搅拌（包裹）的工作便不是由厨师，而是由就餐者本人（在进行切割作业的同时）代为完成，仅此而已。在这种情况下，搅拌（切割）工作便不再属于烹饪过程中的准备工作，而是烹饪的后续工作，换句话说并非"料理以前"而是"料理以后"。法国餐馆里提供的牡蛎剥壳与生蔬拼盘的服务（参考本书第 97、98 页），同样可以用这种方式来解释。

如此一来，沙拉的本质终于露出了全貌。

简而言之，以火焰对食材进行处理是"料理"的核心工程，"沙拉"则是前期准备与善后工作，该名称是对搅拌（添加）调味料等一系列操作的综合体现……

V

汤与粥的关系

1 牛肚酸汤

我曾在罗马尼亚的布拉索夫停留过一个星期，那段时间我每天早上都兴致勃勃地去街上的饭馆吃牛肚酸汤（Ciorbă de burtă）。

在罗马尼亚，饭馆和餐厅每天早上七八点就开门，然后日间无休地营业一整天，原因之一是它们也充当咖啡馆。不过一大早就登门的客人可不是来喝咖啡的，而是为了饱餐一顿。据我观察，这里最受欢迎的一道菜就是牛肚酸汤。

这是一道用牛肚煮出的汤，burtă 的意思是牛的胃袋，ciorbă 指酸汤。

热汤是盛在深碗里的。微微泛着黄褐色光芒的透明汤汁浓郁得略显浑浊，汤底沉淀着薄如白纸的小片牛肚，细小的脂肪颗粒成群结伙地浮在汤的表面，一闪一闪十分漂亮。

先从桌上的罐子里取一两勺酸奶油放入汤中，再从碟子里取一小勺蒜蓉放进去。然后，左手从旁边的杯子里捏起一根青辣椒，一边整根从头啃起，一边就着强烈的蒜香，右手用勺子将热腾腾的牛肚汤一口口灌进胃袋。不止如此，喝汤的空当儿还要时不时闷一口烧酒——用李子酿成的罗马尼亚名产，蒸馏白兰地"Tuica"。于是鼻头立马就会冒出汗，胃里顿时火烧火燎，就连心脏也跳得好像敲钟一样。

再没有什么比一大清早喝牛肚酸汤更"扎人"了，然而在饭馆里点这碗汤的罗马尼亚人却络绎不绝。实际上，这也确实是一碗绝世美味。自打尝试过一次之后，我就喝上了瘾，接连一周每天早上都要靠它过活。喝下这碗浓汤让身子彻底暖和起来再去从事一天的工作，这大概就是生活在严寒地带的罗马尼亚人的智慧吧。

牛和猪的胃袋又硬又油，一般的料理方法拿它们无可奈何，但只要耐着性子细心烹饪，它们就会在舌尖上溶化，显露出美味的本质。

日本肉铺里出售的所谓的"白杂"，其实就是肚。由于是弃之不用的东西，肚十分廉价。买几百克回来，先放在冷水里用炊帚用力刷洗，然后用沸水焯一下。焯好后换一锅清水，冷水起火。煮沸后撇去浮沫，加入大蒜等香料提香，继续小火慢炖。两三个小时或许尚不足以令百叶软化，但是炖过六小时后，肚就会突然变软，汤也炖得浓郁而清澄。

进一步向汤中加入香料，提升酸味并调节咸淡后，一锅用肚做成的酸汤就算是煮好了。若是在餐厅里做这道菜，还可以向汤中加入蛋黄、黄油，并与其他种类的汤混合，进行一些更为复杂的处理。

至于炖好的白杂，可以另起一锅，加入味淋、清酒、煮肚的高汤和味噌继续炖煮。起锅后配上豆腐，撒上大量葱花，再撒一些辣椒粉，一碗内脏专门店里常见的"炖煮内脏"就做好了。一边喝烧酒（或加兑一些 Hoppy[1]）一边吃炖煮内脏，这样一个日本的傍晚也不逊于罗马尼亚清晨的幸福时光。

或者，还可以向炖好的白杂汤中加入其他蔬菜，做成点缀有西打酒（苹果酒）香味的混合浓汤。这样一来它就摇身一变成了法国诺曼底地区卡昂的传统名菜"Tripe à la mode de Caen"（卡昂传统牛肚汤）。

胃袋这东西实在是变化莫测。

2 清炖牛肉配青酱

意大利北方有一道名菜——清炖牛肉配青酱（Bollito con salsa verde）。

这道菜只需将牛肉极其朴素地用白水煮熟，然后搭配各种香草叶捣成的青色酱汁食用即可。这种青酱是将欧芹和虾夷葱等多种香

---

[1] 译注：Hoppy，日本的一种啤酒味碳酸饮料，也常常用于勾兑烧酒。

草捣成碎末，用油和醋冲成糊状，再用盐（如有偏好也可以加些糖）调味制成的东西。

这道菜可以说是西方肉食民族最为基础的经典食物之一，原本在法国和英国等许多国家自古广为流传。后来这道菜登上了餐厅的菜单，亦被意大利北部地区以及奥地利的人们所熟知。

肉块只需用白水清炖，无须煎制也不必运用任何其他烹饪技法。只要将洗好的肉块投入深锅，灌满清水去煮即可。开始时用大火，煮沸后撇去浮沫，然后小火慢炖。不用花什么心思，其烹饪方式可谓相当原始。

待肉块炖烂后起锅，盛在热盘子里佐以青酱食用。通常来说，享用这道料理时就不会再额外搭配其他蔬菜了。

这种碱性的青酱具有中和肉类酸性的功效。一如中亚、西亚一带的居民在吃羊肉时一定要就生香菜和薄荷叶，这种吃法是肉食民族的养生智慧。清炖牛肉配青酱正是一道历史悠久并且与人们的生活方式息息相关的传统菜肴。

如今说起西餐中的肉类，几乎势必要把它们和五花八门、以各种方式做出的土豆凑成一对，这已经算是常识了。只不过土豆原产于南美的秘鲁，传入欧洲是在 16 世纪中叶的时候。在那以前，将肉类裹以绿叶研磨出的碎末，或与豆类和卷心菜一同炖煮（或大口喝葡萄酒）才是中和酸性的主要方法。人们起初认为土豆形态诡异无法食用，直到 18 世纪末期才开始认可它的真正价值，并逐渐确立了其作为代食品的重要地位。与此同时，虽然能够摄取维生素 C 却无法填饱肚子的青酱，逐渐开始在人们心中失势。

3 牛肉蔬菜浓汤

话说回来，肉块仅用白水来煮实在了无情趣，就连下锅前稍微煎一下（煎制）锁住精华的心思都省了。但在过去，这种单纯的烹饪方法恐怕并非出于懒惰或是无能，而是人们正确地认识了现实生活后得出的合理解决方案。

因为肉块死硬死硬的。

别看那些圆滚滚的大肉块看起来体面，这么大的肉块基本上都是屁股肉啦，尾巴啦，脚脖子啦，总之尽是无关紧要的部位。更好的部位早就被烤了吃了，或是出于保存的需要被制成了风干肉和熏肉。剩下的都是用正经方法料理不了的东西，所以只好炖了。

至于"为了不让肉中的精华完全流失而先用强火将表面煎焦"，

这种烹饪手法的出发点本身就很奢侈。只有当肉足够"好吃"的时候人们才会生出这样的想法，但如果只吃方便烹饪又好吃的部位，肉的消费量转眼就会增加，这样太浪费了。

假设有这样一道应用题：分得一块肉，怎样做才更经吃呢……

果然还是应该把肉块放进水里煮了。如此一来，肉里的精华便会得到充分释放，起初的白水也就随之变成了营养丰富的汤。之后往汤里倒入小麦粉也好，没有小麦粉的话裸麦也罢，便能做出既营养又能填饱肚子的粥和羹了。有这么一锅汤在，应该能够挨过几天吧。然后，汤吃光了，终于轮到已经鞠躬尽瘁、仅剩躯壳的可怜肉块。为了感谢它为我们延命数日的功绩，于是默默地用槽牙咀嚼起来。尽管那已是一团纯粹的堆积而成的纤维，但只要凝聚心中的感激之情，还是能够嚼出一丝滋味的。在那道看似了无情趣的清炖牛肉背后，莫非隐藏有这样一个诞生之谜？

作为法国家常菜的代表之一，牛肉蔬菜浓汤（pot-au-feu）可以说是清炖牛肉生平的见证者和讲述者。

牛肉蔬菜浓汤，简而言之就是长时间炖煮大块牛肉（腰肉或大腿肉），中途适当放洋葱、大葱、芹菜、胡萝卜等蔬菜，最后熬成一锅其乐融融的炖菜。餐厅里做这道菜时可能会煎制食材，分开做汤，并对汤里的食材进行过滤。不过所谓家常菜，其长处就在于不画蛇添足，一锅汤一炖到底。当然了，煮汤时加入的月桂叶在上桌前还是要取出的，但也仅是这种程度的加工而已，其他方面则几乎不用插手。

就这样，灶台上的一大锅牛肉蔬菜浓汤就做好了。上桌时，注意要将浓汤与煮好的肉菜分别盛放在不同的容器里。

一家人围坐在餐桌前，感谢上帝赐予食物，然后由汤吃起。用牛肉和蔬菜煮出的汤，味道好极了。

接着，把炖肉和炖菜当作主菜，用胡椒盐和芥末调味来吃。

牛肉蔬菜浓汤这道菜可谓将清炖牛肉与肉汤融于一身。

牛肉蔬菜浓汤的法语写作"pot au feu"，这组词的意思是"坐在火上的锅"——火上锅。换句话说，不论什么食材，只要放进锅里"坐"在火上，炖成一锅后就是火上锅。

"Potage"（法式浓汤）与此类似。但凡放进"pot"（锅）里做出来的东西，都是potage，也就是日本人概念中的锅料理。

究其根本，pot-au-feu 也罢，potage 也罢，白水煮肉也罢，肉汤也罢，都出自相同的烹饪方式，只不过有时将汤与料分开食用，有时则混在一起就着一口锅吃，仅仅是吃法与风格上的差异。日本的锅料理就是将混合了所有食材的一口锅直接端上餐桌，然后一家人围坐在一起享用。那情景简直象征着典型日本式和和美美而紧密相连的命运共同体，然而为了标榜个人主义，日本人却偏偏要在锅子上桌之后区分汤与料，再分别盛到各自碗中单独享用。别看日本人现在这个样子，在近代个人主义确立以前，他们可也是从有汤有料的一锅杂烩里直接夹菜到自己碗里的（或者直接从锅里吃到嘴里，喝到嘴里）。至于这一锅杂烩菜，它是汤，是 potage，也是 pot-au-feu。

4　马赛鱼汤

马赛鱼汤其实与牛肉蔬菜浓汤极其相似，只是把牛肉换成了鱼肉。

正宗的马赛鱼汤被认为出自法国南部的马赛及其周边地区，而公认的"比正宗还要正宗"的马赛鱼汤，则来自位于马赛稍许偏东的港口小镇卡西斯（Cassis）。马赛鱼汤与这附近出产的白葡萄酒十分搭配，或许也是出于此因吧，该地区赢得了"喝马赛鱼汤就来卡西斯"的美誉。如今，这里已经变成了小有名气的旅游胜地，但在过去，它只是一个偏远的渔村。让我们走进卡西斯的小巷里对装修不怎么讲究的饭馆，在那里头喝到的马赛鱼汤才是"真货"。

点过马赛鱼汤后，咱们先就着煮小海虾，小口喝点冰镇白葡萄酒。

古老的渔网和玻璃浮子是这间餐馆里仅有的装饰。在角落落座后，木桌周围飘荡着面颊通红的当地人低哑的交谈声。就在小酌冷酒的工夫，一位膀大腰圆的大娘抱着一大锅马赛鱼汤朝这边走来。

马赛鱼汤是一道将各种海鲜炖在一起的海鲜杂煮。而将它与其他同类菜肴区分开来的特色，同时也是它自己最大的特色，就是添加了产自法国南部、别名"香草"的大蒜的香味，以及番红花华贵的芳香和红褐的色泽。

将这锅海鲜杂煮砰地摆在餐桌上后，大娘拿来一口深碗，只从锅里盛出满满一碗红褐色的汤汁摆在我面前。

除了这碗汤，桌上还有满满一筐烤得刚刚好的法棍切片。筐边的罐子里装着锈红色的黏稠调料，这种调料就叫锈红（rouille），用美乃滋与大量大蒜、辣椒混合而成，是种刺激如灼烧的酱汁。

朝红褐色的鱼汤里丢两三片或三四片烤好的法棍，再在这些面包的浮岛上涂满锈红。

见面包开始浸入汤汁了，便缓缓举起勺子，将铺满了锈红的面包片再按下去一些，让汤汁浸得更多些（于是一部分锈红飞散在汤中），然后连汤带着面包用勺子舀着吃。吃下一片面包，喝一口鱼汤。如此反复，再吃下第二片面包，再喝第二口鱼汤……

等这碗汤喝光了，便从方才摞在桌上的锅里自己捞鱼肉和鱼汤。还是盛在这个汤碗里。然后就着鱼汤，偶尔还有一些锈红，再吃鱼肉。

享用马赛鱼汤就要像这样。

这道菜的鲜味其实尽在汤中，而绝不在鱼里头。鲷鱼、海鲈鱼、绿鳍鱼和其他一些小鱼被熬成了汤，脱骨的白肉被丢到汤里，浮在表面，这些残骸不仅看起来破破烂烂，吃起来更是毫无滋味。这些鱼肉其实是熬剩的残渣。高档餐厅会另取一些鲜味尚存的炖鱼、新鲜贝类和海虾放进已经煮好的汤里，更讲究的地方甚至会选取大个龙虾，如此确保马赛鱼汤色香味俱全。但是归根结底，这就和煎制一下以保存肉的美味一样，是奢侈的安排。老百姓做马赛鱼汤，只有汤里的鲜味拿得出手。

　　　　　　　　　　　　　　　　料理的四面体

马赛鱼汤这道菜，特别是在日本，常常被臆想成极其上档次又有品味的法式大餐，但实际上它是出身低微的庶民之子。

天刚蒙蒙亮，男人就出海打鱼去了，直到上午方才归来。捕回来的鱼直接被拖到港口码头的市场上贩卖。

临近晌午，还有几条鱼没卖出去。下午，渔夫的老婆便把卖剩的鱼和从一开始就放在一旁卖不出去的杂鱼带回家，和大蒜、番红花一起炖煮去腥，顺便把隔夜变硬的面包碎块放在火上烘烤……等厨房里香气四溢，男人也忙完了一天的工作，于是手里端着一杯葡萄酒，对老婆做的晚饭翘首以盼。

这便是马赛鱼汤带给我的画面。

马赛鱼汤的法语写作"Bouillabaisse"，这个词是从炖煮（bouillir）演变而来的，因此原本是"炖菜"的意思。

话说回来，不论是炖菜还是火上锅，法国菜中名称朴实无华的菜肴非常之多。

5 焖牛肉

我们经常使用的 stew（焖菜）这个英语词汇，据说其语源的本意是泡热水澡，由此引申出用焖锅长时间烧开食材（炖煮）的烹饪方法。

相对于用锅子煮的菜与炖菜，焖菜的指向意义更加明确。

毕竟在泡澡的时候，即使水再热，但要是水量不足浴缸半分，身子也是暖不起来的，所以在入浴之初就应该准备没过全身的热水。所谓焖菜，就是必须在足够多的热水（汤）中炖煮食材。在小火长时间焖煮的过程中，水分不断蒸发，汤量逐渐减少，最终锅里的汤黏稠得好似酱汁一样。煮到这种程度，一锅焖菜就算做成了。肉和蔬菜被炖得烂烂的，由黏稠的汤汁包裹着，看起来好吃极了。

不过呢，虽说是做焖菜，汤汁却不一定非要收成膏状。即使食材始终在大量液体中游动，做出来的东西也依然是焖菜。焖菜不论何时都是焖菜。牛肉蔬菜浓汤其实就是焖牛肉（Beef Stew）的另一种形式，马赛鱼汤则是焖鱼肉，而日本的什锦火锅（虽说并非长时间炖煮）在英语烹饪书中也会被翻译成 "One Pot Stew"（一锅炖）。这类词汇似乎在使用上有些混乱，不过汤与焖菜原本就不分家，因此也无可厚非。总之是要将火的热力传递给水，在水中令食材产生变化——运用"煮（炖）"这种技法料理出来的东西是汤亦是焖菜，归根结底是"炖菜"。（"炖"与"煮"是一回事。所谓煮，即是用煮

　　　　　　　　　　　　　　　　料理的四面体

开的清水加热食材。而用汤和其他混合物加热食材的方法，通常被称为炖，而不是煮。可是，一旦将食材放入清水中加热，就算不情愿，食材也会释放出精华，于是清水转眼之间便会化成高汤。这么一来，为了"煮"而煮的料理人，其意图很快便会遭到颠覆。说到底，"炖"与"煮"是一回事。）

假设有大量汤汁，当中不含任何固体，那么它只可能是汤（高汤），绝不是焖菜。

那么，向汤汁中放入剁碎的蔬菜和小片培根后又如何呢？或许，还是称之为汤比较妥当吧。

进而切半个土豆，与肉丁一起放入汤中，这种状态又该如何定义呢？

要是继续放入土豆，并放入大块的肉，汤又会产生怎样的变化呢？

汤汁会逐渐呈现出焖菜的模样。继续炖煮下去，汤汁会变得黏稠，最终的成品只可能被称为焖菜。然而在一点点添加食材的过程中，究竟是从哪一刻起汤汁变身成了焖菜呢？想必没有谁可以明确指出吧。若从焖菜状态进一步除去汤汁，或干脆将汤汁排净只留下干货，那些干货看起来就和"炖肉"或"炖菜"无异了。

这项实验并不仅仅适用于西式汤羹和焖菜，自然也可以拿来验证例如味噌汤与味噌炖菜之间的关系。就拿豆腐和味噌汤来说吧。这两者的相对量变化（或者说由炖煮时间长短决定的味噌浸入豆腐的程度），究竟是在哪一刻从"豆腐味噌汤"变成"味噌炖豆腐"的呢？这个问题实在太难了。不，与其说难，不如说蠢。

6 水炊鸡肉锅

现在我们来说一说米。

把米粒哗啦哗啦地倒入炖好的鸡肉锅里。

若想要焖菜汤汁浓稠，这种方法十分有效。米粒会在炖煮过程中溶化，从而提升汤汁的浓稠度。这种手法西方人经常使用，日本人在制作水炊鸡肉锅等料理时，也会将生米溶入汤中，以此获得黏稠的口感和白亮的色泽。此时抓一把未经淘洗的生米，直接投入锅中即可。

浓郁的鸡汤里煮着鸡肉和蔬菜，一边煮一边吃，丰厚的味道令这道水炊鸡肉锅赞不绝口。

等鸡肉和蔬菜吃得差不多了，便向余下的汤汁中倒入米饭，做成杂粥。这又是一道美味。

在享用锅料理的最终阶段，也就是用汤汁做杂粥的时候，通常会往汤里倒入事先焖好的米饭（选用焖得较硬的米饭或是已经变硬的冷饭），但直接用汤汁煮生米的味道才是最棒的。只不过由于耗时较长（其实至多不过三十分钟），鲜有人为之。而且单就煮粥而言，踏踏实实从生米熬成的粥，也比用米饭煮出的粥更好吃。

若是等不及这工夫，不妨在煮鸡肉、大葱、豆腐、魔芋、蘑菇，边煮边吃兴致正高的时候，提前把生米下锅。既然播撒米粒可以提升汤汁的稠度，不如大胆一点，多下一些。

若是四人围坐一口中号瓦锅，抓一把米投入锅中即可。起初米粒会沉于锅底，不见踪影。就在一门心思吃肉吃菜的二三十分钟里，米粒已经着实吸收着汤汁，渐渐膨胀起来。等摆平汤里的干货，就会发现米粒已经"攻"上汤的表面。这时用舀勺搅一搅，米粒便会扩散开来，形成一锅恰到好处的杂粥。看起来水分或许多了些，可就在盯着粥瞧的工夫，水分从表面一点点蒸发，真正盛到各人碗里时，稠度刚刚好。单手抓一把米的分量，刚好做成一瓦锅杂粥，只需待水量稍稍减少。

诗人草野心平创造过一道叫作"心平粥"的料理。

所需食材为生米、麻油和水，将这三种食材以 1:1:15 的比例混合。若是做一个人吃的晚饭，准备 1 小杯生米（无须淘洗）、1 小杯麻油和 15 小杯水就可以了。将食材一并放入瓦锅（可容纳 15 小杯水的小锅即可），然后点上火、盖上盖子。如此焖煮两个小时，其间无须进行任何操作。两小时后掀开盖子一瞧，米粒个个吃水吃得鼓鼓的，多余的水分已经蒸发，每粒米上都严严实实裹着一层油膜，鲜味被牢牢锁在了里面。一锅粥不稀不稠，火候刚刚好。多少用盐调味后，散发着麻油清香的心平粥即可达到超乎常理的美味程度。但相比之下更令人惊讶的，便是可以用 15 倍的水焖出正常的粥。若继续加热下去，粥中的水分将会消耗殆尽，变成一锅米饭，而就连这锅米饭也会愈烤愈干，最终染上焦色吧。

7　意大利豌豆粥

话说回来，粥与杂粥有何不同呢？

一般来说，不放辅料，用白水煮出的浓稠米汤称为粥；添加其他食材，用汤（亦包括高汤和味噌汤）煮出的则称为杂粥。但两者之间并不存在明确的界限，这点就无须再三强调了。此外，粥和米饭既然是"煮"出来的，便可以借炖煮其他食材的机会一同下锅。

在此以意大利威尼斯的名菜豌豆粥（Risi e Bisi）为例，向大家介绍一下外国的粥（杂粥）。做的时候要先向锅中倒入橄榄油加热，然后放入培根丁翻炒。这时放入未经淘洗的生米，将米粒炒至完全透明。然后往锅里注入汤汁，并可用番红花为汤汁提香。然后不盖锅盖炖煮，并不时搅拌，中途放入豌豆。当汤汁几乎被米粒吸干时即可起锅。如此做成的杂粥软糯可口，形似菜粥。因为以"risi"（米）与"bisi"（豆）命名，所以可将其看作意大利版的"豆子杂粥"。

8 伊朗羊肉饭

天天吃米的民族在这个世界上有很多，他们煮米的方式各有不同，但大抵是不盖锅盖的，即使盖了也会不时掀开观察锅里的状态。由于习惯与日本不同，也就不必把饭或粥煮得像日本人那样精细。

日本人煮粥，一旦调整好水量盖上锅盖，在粥煮好之前都不可以掀开，因此做粥也不是一件易事。

日本人会根据水与米的比例，对粥进行如下的阶段式命名：

3 分粥——3 合 [1] 米加 1 升（3.33 倍）水煮粥；

5 分粥——5 合米加 1 升（2 倍）水煮粥；

7 分粥——7 合米加 1 升（1.43 倍）水煮粥。

不过，其实无须我多言大家也能够心领神会：煮粥压根儿不需要拘泥于数字。管它是 2.3 分粥、3.14 分粥，还是 6.3425 分粥，差不多就可以了。因为做出来的统统都是粥，这件事错不了（只不过水太多的话就应该叫米汤了）。

而在煮米饭时，水量通常被控制在米量的 1 ~ 1.2 倍。具体则要根据米的新陈程度、淘洗后的放置时间等条件，判断煮之前米粒的含水百分比，从而在 1 与 1.2 之间对水量进行微妙的调节。但是无论如何，水量都不宜低于米量，否则米粒吸水不充分，饭煮不透，便会夹生。反之，当水量大于米量的 1.2 倍时，米饭会过软。若水量再多，米粒会因吃水过多而"水肿"，如不能完全吸收更会变成"汤泡饭"……

也就是说，在水量超过米量 1.2 倍的情况下，做出来的永远是粥（古时称蒸米为饭，用水煮的米则统统为粥。至于今天看来普通

---

[1] 译注：合，日本容量单位，1 合 =0.1 升。

的米饭，那时则被称为固粥。名字取得颇有逻辑）。

因此，对于煮粥来说，若失手将 3 分粥煮成了 3.5 分，其实难称失败，但对于煮饭而言，若想把米饭煮出严格的和风，就要困难许多了。不仅要在 1.0 与 1.2 之间"猜中"最恰到好处的水量，还必须在这些水分恰巧被每一粒米吸收的瞬间把火关掉，非神技不可为之。即使水量分毫不差，火候差之毫厘也意味着着陆失败。关火早了，米饭软而黏；关火过晚，米饭糊而硬。若按传统，不论哪个都是失败作品。

当然了，在家里做饭并不需要这样提心吊胆，把饭煮糊了也可以将计就计，享受别样滋味。中国菜里不是就有一道特意在热锅巴上淋汤汁来吃、滋滋响的料理嘛。如果饭煮得过软，就只当吃的是粥。如果煮过了，就只当吃了一顿锅巴料理。这样一来，失败没有了，家庭更和睦。

在世界各地用米做的料理中，能够在难度上与日式"Plain boiled rice"（煮白米饭）比肩的，果然要数最具代表性的食米之国——伊朗的 Chelow（白饭）和 Polow（抓饭）了。

做伊朗式米饭时，要用温水淘洗米，然后放在加了盐的冷水中浸泡一晚。

用大锅煮开水，放一小撮盐，将控干水分的米下锅，不停搅拌着煮 10 分钟。煮好后倒在笸箩里，用温水洗去米表面的黏性。

把融化了的黄油涂满锅底，然后向锅里倒一点水。将洗好的米一把一把地放进锅里，确保每次放入的米量均等，使米全部放入后呈山形。再次由上方均匀地淋上融化的黄油，并盖上一层纱巾（或厨房纸巾），然后将锅盖盖严。开始时用中火加热 10 ～ 15 分钟，之后改用小火继续加热 35 ～ 40 分钟。

做伊朗的米饭时，难就难在对火候的把握。要做到底部的饭呈金黄色（微焦），而上面的饭彻底纯白，每一粒米都要做到既饱满又有嚼头，而且粒粒分明、不湿不黏。其中，底部的金黄色尤为重要，若是做成了茶褐色（完全焦了）即算失败。

这就是伊朗白米饭——Chelow。而在制作这种饭的过程中，如果在放入洗净的米时，将肉和豆子等辅料一层层夹在米的中间，做出来的便是抓饭（Polow，也就是 Piraf）。普通伊朗白米饭与抓饭的区别，就同粥与杂粥的情况类似。不过大约十年前，我在伊斯法罕的餐馆里吃到的夹杂羊肉和羊骨髓的饭，隐约记得却好像是划归为 Chelow，叫 Chelow Kabab（伊朗羊肉饭）……

9　和风烧猪肉

我在阅读某位日本料理研究者所著的烹饪书时，偶然看到一段颇为有趣的关于烧猪肉做法的记述，大致是这样介绍的：

将大块猪肉放入锅中，让水将将没过猪肉，然后用中火炖煮约一小时。一段时间后，等锅里的水煮干，猪肉开始发焦。从猪肉上溶化的脂肪变成了透明的油，滋滋作响把猪肉越烤越焦，与此同时焦色开始遍布整个锅底。让我们一边留心观察，一边等待焦黄的颜色蔓延到锅的边缘。此时滤去剩余的油，向锅中倒入半杯热开水，一面将水烧开，一面让喷香的肉汁裹满猪肉。等汤汁收干后再向锅里倒入盐、砂糖、酱油等调料，把火略微调大，开锅后即可关火。

只看文字便觉得香气扑鼻、垂涎欲滴。这道烧猪肉读起来相当好吃嘛！

不过，和它的祖先，也就是中国的烧猪肉放在一起，它却是一道完全不同的料理。

众所周知，烧猪肉的鼻祖——中国的叉烧肉——是用烘烤的方式制作的烧烤料理。由于是将猪肉插在形如音叉的双股叉上在灶里烘烤而成的，所以叫"叉烧"。

让没有烤肉传统的日本人来做这道菜，就会将其改造成煮猪肉或是炖猪肉。不过在最后一步，像上头的著者一般，又会让猪肉被猪油烤焦，从而姑且算是成功表现出"烧"的感觉。个人认为，这当中体现出了日本人卓越的于模仿中创新的能力。

"烧"这个词在日语中的用法不很明确，有时候我们把用油炒菜叫作"烧"菜也不算错，例如生姜烧猪肉等。但在中国，"烧"专指先炒后炖的做法，例如红烧鱼翅等。这恐怕是因为"烧"字在广义上同时拥有"处理事物"和"用火加热"的微妙语感，所以喜好先炒后炖的中国人才选用"烧"字来表现这种烹饪方法。而在多用明火烤鱼却很少用油的日本，就连"炒"也变成了"烤"。在本书中，让我们把"烤"限定为没有油与水介入，仅使用火加热的烹饪方法。

那么，"发焦"又该如何定义呢？那就是由加热引起的物体表面颜色变黑的现象。

例如在火烤，也就是用明火烤的时候，加热超过一定限度后，暴露在明火下的物体表面就会呈现出焦色。

此外，在水煮时，经过长时间加热，水分越来越少，最后几乎干锅时，锅里的东西也会因此而"发焦"。与此相同的情况是油煎，若油少了，食材就会粘在锅底上，发出焦味，升起焦烟。

总的来说，通常所谓的发焦，在语感上强调颜色的变化，而烹饪技法中的"使食材发焦"，则应被定义为"一种强烈的、油与水极少介入的加热方法"。从这层意义上讲，发焦无限接近于烤。

把锅架在燃气灶上点火。不放一滴油和水。火上的锅已事先用干布仔细擦净吸去水分。

向锅中丢一张纸。于是开始有浓烟升起，锅变得赤热，纸越烤越焦。

通常来说锅的温度不会达到纸的燃点，因此不会起火。纸被烤焦的状况与用明火直接烘烤时相同。若温度达到燃点，纸就会起火，变成"明火烤"。但只要达不到燃点，纸与火之间又有一层金属板，也就是锅底相隔，那就不是在用明火烤，只是一种无限接近于用明火烤的状态。由于纸与火之间可以说几乎不存在空气，因此，可以说纸是近乎紧紧贴着明火在烤。

话说回来，如果烤的不是纸，而是培根的话，又会怎样呢？

向又热又干的锅中放入培根后，起初会有少量烟雾升起，但从培根中溶化的脂肪很快会聚集在锅底，结果培根是被自己的油煎熟的。在这一过程中，油会越积越多，培根则越缩越小，最终将变成酥脆的"油炸"培根。正所谓葬身于自己的油脂之中。

在观察培根形态变化的过程中不难发现（按照与时间变化相反的顺序），油足够多的时候是"炸"，油不算过多但亦能充分分布于食材与锅之间的时候是"炒"，油量进一步减少的时候我们通常称之为"煎"。如果油量再少，食材表面开始变黑、起烟，就是"焦"了。

接下来，让我们看看用焙烙锅 [1] 是如何煎豆子的。

不用焙烙锅，用普通的锅也可以（但比较伤锅，且容易起烟）。干豆子在锅里滚的时候表面一点点被烤焦，从炒热的豆子里会出现非常非常少的、肉眼看不见的油。这一丁点儿油或许能够起到润滑剂的作用，但几乎还是干炒。

那么，向干燥的锅里放一把菠菜又会有怎样的效果呢？

---

[1]　编注：焙烙锅是一种日本平底土锅，一侧有把手，上口很小，形似稍大的扁平茶壶。一般用于蒸或炒茶叶、盐、银杏、豆子等。

在不额外添加水的情况下把洗净后控干水分的菠菜投入锅中，菠菜受热后会迅速吐出体内的水分，拼命滋润干涸的肌肤。然而杯水车薪，努力也是枉然，这些水分很快就会蒸发殆尽。结果希望烤干了，身体烤焦了，如此做成的就是"干煎菠菜"。

"煎"这个字，本意大致是"整齐地排列在铁板上烤"。不过日语中的"煎"，既可以指将锅中食材加热至水分尽失，也可以指使用极少量的油，在几近干燥的状态下加热食材，还可以像炒豆子那样，不加一滴油和水也无妨，从一开始就在完全干燥的状态下加热。所谓"煎"的精神，即是在尽可能远离油和水的环境里，甚至连空气也不许介入，仅仅透过唯一的一层金属板，让"肌肤"尽情感受火的炙热。煎就是这样一种干烈的烹饪技法。

菠菜为了自救而竭尽全力放出水分，真是精神可嘉。不如借用菠菜这种湿润的特性，在将其投入干涸的锅里之后马上盖上锅盖。于是，"她"（也就是菠菜）在黑暗炽热的房间里汗流浃背，死去活来。终于，蒸汽针扎一般的刺痛化为快感，"她"陶醉在无上的快乐中升入天堂。留下的这道菜便是"蒸烤菠菜"[1]。

---

[1] 编注：作者从本节开始较多使用蒸（蒸し）或蒸烤（蒸し焼き），有时还会混用。这是一种日本化的理解与阐释，并不总是对应中餐烹饪里的蒸和蒸菜。

实际如此尝试后做得的菠菜确实没有被烤焦，完全是蒸出来且可以食用的一道菜。虽说因为没有事先烫过而有些苦，但菠菜够嫩的话便可以入口。把菠菜换成茼蒿也如此料理一番的话，茼蒿那独特的风味便更显突出，比起用水煮熟更具特色，也更好吃。

10　乌姆

即使将食材放在干燥的锅里盖上锅盖，食材自身吐出的水分也会化作蒸汽充满密闭空间，使干烈的烘烤变得有水分介入。有一种温湿料理法便借用了这种特性。由于仅靠食材吐出的水分尚不至于水流成河，水分刚刚出现便会化作水蒸气，因此完成的料理应该算是一道蒸菜而绝非煮（炖）菜。

这种所谓的"自我熏陶式"烹饪法，或许是最古老的烹饪技法之一。

把河里捕到的鱼用草叶裹紧，然后缠上树藤放在篝火旁。若顺便在树上发现了蜂巢，那么蜂蜜可直接舔食，而蜂卵（幼虫）则收集起来，同样用草叶包好放在篝火边烤。不用多时，美味的蒸烤鲜鱼和蒸烤蜂卵就做好了。这种料理不需要任何特殊工具，草叶即用即弃，赤手空拳也做得来。而且，这样烹饪不会损伤食材原有的味道，营养也不会流失，还可能染上草叶淡淡的熏香，简直无可挑剔。

就连不知土器罐子为何物的原始人，也会做这种美味的食物。

南太平洋群岛上流传至今的"乌姆"（umu，叫法视岛屿不同而多少会有些差异），就是将上述做法少许放大的版本。

那里的做法是先在地面上挖一个大坑，然后往坑里丢几块被篝火烧得通红的大石头。石头上面放芋头，芋头上面再放用大片草叶包裹严实的鱼、虾或是猪肉，最后盖上香蕉叶并填上土，慢慢蒸烤。

这种烹饪方式不但看起来豪爽、有气势，而且单纯至极，不需要任何特殊的厨具。

这类不需要特殊器具的料理方式，大致以用明火烤和裹草叶蒸为主。不过用明火烤的话，不但水分会蒸发，油脂会滴落，肉也会变小，非常不划算。相比之下，做蒸菜就实惠多了。打个比方，如果说明火烤的食物用于奢侈的节日大餐，那么裹叶蒸的食物就是过日子的家常便饭。不久之后，人们发明了滴水不漏的容器，于是方便将汤汁一饮而尽的煮菜逐渐取代了蒸菜的地位。

众所周知，在煮菜普及以后，蒸菜依然作为一种烹饪技法的形式存活下来（虽然在欧洲已经绝迹）。除了"自我熏陶式"蒸法外，人们（特别是在中国）还发明出用水蒸气给食材"洗蒸气浴"的桑拿式烹饪法。不过从全世界的角度来看，不可否认，蒸菜较之煮菜已有所式微。

若问蒸和煮的区别在哪里，那就是在水蒸气中加热还是在水中加热。可若问水蒸气和水的区别是什么，具体的事情我也说不清楚，但总的来说，水蒸气是水与空气的混合物。或者，换一种非物理学的说法，水蒸气是水大隐于市的过渡性形态。水蒸气可以在某一瞬间变化成水，水也可以在某一瞬间化作水蒸气，它们之间时常存在着一个拐点，其变化绝非平平稳稳、含糊不清和缺乏跳跃性的一体两面，但就烹饪技法而言，蒸与煮的关系可以说亲密无间。

11 叫花鸡

煮的效率虽然比蒸更高，实行起来却离不开锅、坛子、皮囊等液体容器。对于云游四方、居无定所的人来说，一件不得不随身携带的容器不仅是手上的行李，也会成为心头的累赘。同样是浪迹天涯，锅不离身总有一种人生失意的感觉，但若身外无物，便是云游四方的气势了。

相传，在中国江苏省常熟这个地方有一个叫花子。某天，他偷来一只鸡，却苦于没有炊具、无从料理，只好取泥土涂在鸡身上，丢入火堆中烤（亦有说，他见有人路过，情急之下把鸡藏在了火灰中）。不多时后取出鸡，剥去泥壳，谁料鸡毛随泥土一同掉得精光，腾腾香气之中端端正正卧着一只烧鸡。

那只鸡实在太美味了，以至于此事广为流传，引得众多厨子争相效仿。黄泥蒸鸡自此被称为"叫花鸡"，成了一道名菜。

现如今，人们将童子鸡除去内脏、填入炒过的大葱等配料，并将鸡全身涂满调料，然后剁去鸡爪、拧曲鸡脖，使整只鸡看起来体态浑圆。之后在外面包一层猪的网脂（附在内脏表面、形如薄膜的脂肪），再包一层竹皮、裹一层荷叶，用麻绳扎紧。最后，再涂大约2.4厘米厚的黏土，把鸡裹成一个鸵鸟蛋大小的泥球，丢入炭火（或烤炉）中烤……据说叫花鸡已经演变成了这样来制作。

至于这道名菜是否当真由江苏省的乞丐所创，考虑到中国人深厚的演绎功力，叫花鸡或许该被称为"来历不明鸡"也未可知，不过其做法的确颇像身无一物的乞丐会想到的。

据说英国斯塔福德郡陶器工厂里的工匠们也曾将抓到的河鱼和附近的野鸟用黏土角料包裹后放入灶中，蒸而食之。当时工业革命刚刚兴起，贫苦的劳动者们往往被强制进行各种重体力劳动，工头却毫无怜悯之心，抱怨一次性燃烧黏土的行为实属浪费。于是——亦有记录表明——工匠们想出一计，烧制了两枚可以重复使用的鱼形和鸟形容器，盖紧盖子用它们在火上烤鱼烤鸟。

因为是发生在陶器工厂，所以恰巧有合适的黏土可用。不过从根本上讲，工匠们和那个聪明的乞丐一样，都是在没有土器的情况下信手拈来泥土做成了"土器"。由于并非使用大量的水来煮，所以无须担心水分外泄。只要将食材裹得密不透风，食材自然会吐出水分。而被当作容器的泥土本身也很潮湿，不会吸收食材的水分，从而使水分在化作蒸汽后能够滋润食材自身。加上食材与"土器"之间几乎没有缝隙，水分一滴也不会浪费。

这种烹饪方法，恐怕在世界各地都曾经为人们所用，是一种既原始又合理的技巧。

缺少道具的话，多花一些心思同样可以解决问题。即使身无一物，只要置身于大自然的恩惠之中，随时都可以吃到好吃的东西。

有草叶的话就裹起来蒸。有泥土的话就包起来蒸。想多做一些，就在地面上挖一个大坑，当即变作一口大锅，填进食材、盖上泥土，去蒸就好了——这种"乌姆式"烹饪，可以说就是对叫花鸡制作方法的稍许扩大和再现。而且在地上挖坑、盖土，这种加热方

料理的四面体

式与裹在土制容器中加热别无二致。

　　归根到底，如果身上没有厨具，那就视源源不断的阳光为火源，视整个地球为土锅吧。

料理的构造

到此为止，想必大家已对方法论有了充分的理解，不过还是容我多唠叨几句，再举一个例子，就当是得出结论前的热身好了。

在美国或是在采用美式格局的日本及其他国家的高档酒店里，早晨来到餐厅，服务员会先端来果汁，然后询问："鸡蛋要怎么做？"

这件事在《目玉烧》那一篇中已经介绍过了，不过现在我们仍然可以借此话题来热身。

菜单上会列出五种可选择的蛋：

Fried egg（目玉烧，煎鸡蛋），Scrambled egg（炒鸡蛋），Poached egg（卧鸡蛋），Boiled egg（煮鸡蛋），Omelette（玉子烧，煎蛋卷）。

由此可见，鸡蛋着实是一种变化多端的食材。但是问题在于：这些当真是由五种截然不同的烹饪方法制作出的不同菜肴吗？

首先让我们来思考一下煮鸡蛋与卧鸡蛋之间的关系。

煮鸡蛋，即白水煮蛋，是将带壳的生鸡蛋放在沸水中煮出来的。不论是煮成三分熟还是七分熟，半熟还是全熟，煮鸡蛋仍然是煮鸡蛋，这一点不会变。

卧鸡蛋则是将蛋壳敲开后把内容物落入沸水中煮出来的。

两者的区别就在于，是先去壳再加热，还是先加热再去壳。以水为媒介进行加热这一点是共通的。虽然做成后两者在外观上的差异极大，但终归只是去壳这道工序发生在"料理以前"还是"料理以后"的问题（而我们知道这个问题同样很重要），与"料理"的主体工作——用火加热——没有直接关系。究其根本，两种烹饪方法同为"煮"，因此它们应被归为同一种料理。换句话说，都是煮鸡蛋。

白水煮蛋 = 带壳煮蛋；

卧鸡蛋 = 无壳煮蛋。

这就和先去壳再煮虾呢，还是带壳煮虾再剥壳来吃一个道理。

只不过，虽说只是普普通通的卧鸡蛋，却也不是随随便便把鸡蛋敲在沸水里就可以做出来的。如果直接投入沸水，蛋黄和蛋白会被热水冲散而无法成形。

为了做出蛋白好似轻盈的天使羽衣,将蛋黄完美裹在中间的卧鸡蛋,我们需要向沸水中加一点醋,利用其可使蛋白质凝固的特性。

了解这个窍门之后,人们不禁会认为烹饪果然需要具备一定的理论基础(靠自己很难发现的那种),但如果是将鸡蛋打进没有放醋的沸水,这样做出来的卧鸡蛋也绝非无法食用:在沸水中四散开来的无壳蛋,就着蛋汤用勺子舀着吃就好了。虽然作为"卧鸡蛋"失败了,但至少可以被称为"白水搅蛋"或者"蛋花汤"。而且尽管形态有别,在本质上它仍然是卧鸡蛋。

如果是在略带酱油味的高汤中把蛋液打散,再用淀粉勾芡,这样做出来的是浓稠的蛋花汤——蛋花卤。要是把蛋花卤添在乌冬面上,便能做出蛋花乌冬面,又称木樨乌冬面。抱着做卧鸡蛋的想法,却误将蛋液坠入白开水中,如此做得的也是蛋花汤嘛,只不过是并不浓稠、名副其实的白水蛋花汤。

正是这样的"失败"成就了更多的料理新花样。

此前不论是煮鸡蛋还是卧鸡蛋,人们都只吃煮熟的蛋,而认为煮蛋的汤理应丢掉。然而从上述失败经验中,人们能学会将溃不成形的鸡蛋连汤一起享用的新吃法。只要意识到这一点,那么只需替换汤汁的种类，应该就可以做出各式各样的鸡蛋料理了。这样一来，如果是带壳煮蛋的话，用酱油汤煮便会浸入酱油味，用鸡汤煮则能获得更加浓郁的味道，要是使用咖喱汁炖煮更可以做出色香味俱全的咖喱蛋。而一旦考虑到了这一步，之后便会尝试先在白水中煮蛋，再将去壳后的白煮蛋放入其他汤汁中炖煮的做法，想要这样煮出来的鸡蛋是否更入味。不止如此，就算不加火热炖煮，直接把生鸡蛋浸泡在酱油里也可以做出酱油腌蛋，而埋在泥土中不是也可以做出类似中式松花蛋的食物嘛。此外，若将鸡蛋浸泡在味噌中，虽说一定会做出味噌腌蛋，然而带壳腌制与去壳后用纱布包裹着腌制效果又会有所不同。像这样，丰富的想象力很可能会化作一个个具体的念头，例如"用米糠酱去腌生鸡蛋吧！"，驱使你进行各种尝试。

如果从一开始就认定卧鸡蛋和煮鸡蛋这两种拥有不同名称的料理连内在也截然不同，那么这两种料理永远都只可能是两种不同的料理。

但如果放下先入为主的观念仔细观察，便会发现两者实为同一种料理，只不过凑巧显现成不同形态。而一旦领悟到这一层，二十种、三十种、五十种、六十种……烹饪的新花样将会源源不断地从那两种料理中涌现出来。这当中必然会有一些徒有创意却无法下咽的东西，但肯定也会有一些正经八百的食物。不过也会出现自认为发现了新料理，结果那是经典菜肴的情况（例如鸡蛋羹就是在这条理论延长线上迟早会与之相遇的一品）。

接下来，让我们看看另外的三种鸡蛋料理：Fried egg（煎鸡蛋），Scrambled egg（炒鸡蛋），Omelette（煎蛋卷）。

虽然叫法和长相均不一样，它们三个却是同一种料理。

Fried egg，一如这本书在《目玉烧》那一节中给出的"合理化"翻译，应被称为漂亮的"美形煎蛋"。如法炮制，Scrambled egg 就是"无形炒蛋"，Omelette 则是"塑形炒蛋"。

但是不论哪种，都是从"无壳油烹蛋"变换衣装后重新亮相的姿态。如果不把鸡蛋炒散，做出来的就是荷包蛋。一边捣碎一边翻炒，趁鸡蛋还嫩时把零七八碎的一盘直接端上桌的话，就是炒鸡蛋。而如果继续加热，并把这些碎鸡蛋聚拢成一个完整的固体再端上桌，那就是煎蛋卷了。

实际上，每当提到日本料理中的"高汤蛋卷"[1]，人们大多会联

---

[1] 编注：这里作者举例的高汤蛋卷（だし巻き）和一般提到的日式蛋卷（玉子焼き）是两种料理。高汤蛋卷在关西更为盛行，使用高汤调味，呈现均匀的浅黄色，讲究的话用竹帘塑形。而一般的日式蛋卷使用酱油等调味，因此带有深色花纹，且用蛋卷锅制作即可。

想到嫩滑可口、味美多汁、摇摇欲坠、一触即碎、做法极其复杂且别具一格的煎蛋卷。然而，"那就是用炒鸡蛋挤出来的东西嘛"！一旦醒悟过来，谁都可以轻松制作。将鸡蛋打散后兑入足够的高汤，并适当用酱油、料酒和砂糖调味，充分搅拌。向锅中倒油并热一遍锅，之后一鼓作气倒入蛋液，运用炒鸡蛋的要领肆意翻炒。随着不断翻炒，靠近锅底的鸡蛋开始凝固，形成许多黄色的"小瓣儿"。不予理会继续翻炒，"小瓣儿"的数量便会越来越多，不久将整口锅占领，变成一锅黄色"小瓣儿"的半流体。如果是制作普通的煎蛋卷，此时"小瓣儿"们会在瞬间凝固，聚合成一个完整的固体。但在制作高汤蛋卷时，由于蛋液中含有大量汤汁，"小瓣儿"长时间无法凝固，汤汁包围着"小瓣儿"发出咕嘟咕嘟的响声。现在起锅上桌的话，一道"日式无壳油烹蛋"就做好了。

不过，还是让我们戒骄戒躁，用饭勺也好，木铲也好，汤匙也罢，将整锅鸡蛋拨到一角，轻轻按压。于是，会有一种好像在挤压吃透汤汁的炖菜的触感，但是即便如此也不要手下留情，要继续按压，直至紧贴锅底的部分开始逐渐凝固。此时将鸡蛋整体翻一个面，重新将底面烤硬。如此反复几次之后，虽说不很牢固，但也大致将鸡蛋聚在了一起，只是和成品的形象仍有很大差距。不必介意。我们接下来要做的是在案板上铺开卷帘（制作寿司卷的竹帘），垫上一张厨房用纸或纱布，把锅里的东西小心翼翼地腾到卷帘上，然后像卷寿司那样，把鸡蛋卷得瓷瓷实实的。

如此一来，多余的汤汁将被排出，困在竹帘里的热气则会协助蛋卷完成其内部的料理工作。放置一段时间后打开竹帘，一道成功塑形的"高汤蛋卷"就做好了。用刀切成漂亮的块状盛在食器里，不论谁见了都会对其饱满的汤汁和精致的外形赞不绝口——前提自然是没有到厨房里一探究竟了。

　　至于制作高汤蛋卷时所用高汤的比重，其实比较随意。即使添多了，多余的水分迟早也是会蒸发的。制作这道料理，需要的是坚定不移的信念：炒鸡蛋在不断受热后终归会变成煎蛋卷的！只有这样去相信，才能取得最终的成功。

　　像这样，通过合理分析获得的真才实学，往往能够在实践中发挥其应有的价值。

　　好了，终于要进入结论环节了。

2 熏豆腐

　　在经历了此前的种种体验后，现在我们要将料理的一般原理中涉及的基本要素总结为以下四点：火、空气、水、油。

　　　　　　　　　　　　　　　　　　料理的四面体

可以说，料理的制作过程正是由这四种要素以复杂的关系牵连在一起后上演的剧集。

首先是火。没有火便没有料理，料理本身也无法成立。对于料理来说，火是必不可少的要素。不过，火的地位虽高，但毕竟只是向其他三要素平等地施以恩惠的总管，倘若将火单独分离出来，任凭其如何变幻强弱，也无法独自创作出哪怕一道菜。表面上看来，是火的强弱变化使一块牛肉分别变成网烤牛排、烘烤牛肉和牛肉干（将风干后嚼劲十足的牛肉像风干鲣鱼段一样切成片状的瑞士名产），但实际上，不同的结果取决于烹饪过程中空气的介入量（以这种角度思考问题，视野更开阔）。空气极少介入时是网烤（贴近明火烤），介入度提升后变为烘烤（远离明火烤），而当介入量达到最大时则是风干，此时若少许改变空气中的成分，又会变成熏制。

未经加工的第一手食材，大多是动物或者植物，这些食材中必然含有水分。若将这种食材包裹起来，以锁住水分为前提进行加热，如此去烹饪便是蒸烤。水分多，则形成液体，而随着水量的增加，烹饪的形式也会逐渐由蒸烤变为蒸煮，再由蒸煮变为煮。此时若向水中添入其他各种各样的液体（如醋、酱油、汤），再向液体中加入可以溶于水的固体，料理的味道又将产生变化，制成后的菜色也会是另一副模样。

而同为液体，水与油，就像它们拥有不同的名字，它们的性质也完全不同。性质不同的素材会造就不同特质的菜肴，因此，水与油虽然同为液体，却应被当作两种独立的要素来看待。油少时是煎，随着油量的增加则会逐渐变成炒和炸。

像这样，正是在以（1）火为中心的，（2）空气、（3）水、（4）油这三要素的相对量变化中，种类繁多、形态各异的料理才得以孕育而生。

另一方面，在料理这座舞台的下方起到稳固支撑作用的，是在"料理之前"登场、与火一样必不可少的生鲜的世界。

从上述认知出发，为了将料理的一般原理以一目了然的形式表现出来，在此请允许我引入"料理的四面体"这一基础模型！

尽管气氛至此，具体模型只是参照下页四面体图例1。

料理的四面体

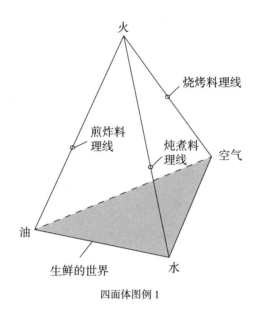

四面体图例 1

拥有四个顶点的四面体底面是三角形，三角形的三个顶点分别对应空气、水和油。而这三者与火相连构成的三条棱线，各自代表"有空气介入的情况下施加火力做出的料理"，"有水介入的情况下施加火力做出的料理"，以及"有油介入的情况下施加火力做出的料理"。言简意赅地说，这三条棱线依次可被称为"烧烤料理线""炖煮料理线"和"煎炸料理线"。

在这三条料理线上，越是靠近处于顶点的火元素，三要素的参与度就越小。换句话说，空气棱线上最接近顶点的位置意味着将肉按在火舌上的明火烤，水棱线上最接近顶点的位置是几乎不产生水蒸气的蒸煎，而油棱线上的相同位置则代表用刷子若有若无刷一层油的煎。上述三种料理方法，若进一步向火靠近，食材便会烧焦，最终无异于包裹在火焰之中。

反过来说，远离顶点一路下行则意味着各要素的介入度将逐步增加。与此同时，来自火的直接影响将越来越弱。最终，这股力量将在到达底面的瞬间彻底消失——那里是广阔的生冷的世界。

以上便是料理的四面体的解读方法。

料理的四面体正是以直观形式呈现烹饪一般原理的理论模型，这种一般原理囊括了古往今来所有料理——只是就算我这样说，恐怕也没有人会相信吧！

相信与否暂且不论，只要取任意一种食材，置于四面体上的任意一点，便会诞生出一道料理。而且只要让该点在模型上不停移动，便会接连不断地有新料理涌现出来。

比如，让我们准备一块豆腐。

由于豆腐是泡在水里卖的（装进袋子或盒子里时也需要添水），因此可以认为从一开始就处于 A 点。

从水中取出豆腐，控干表面的水分后添加酱油和其他调料来吃（比如应用"尚待料理"的沙拉原理），这便是我们再熟悉不过的"凉拌豆腐"。这道生冷料理的位置应该处在棱线 AB 上的 A'。若是盛在底部留有水分的食器里端上餐桌，A' 便与 A 重合；若是干巴巴地端上来，便是与 B 重合。

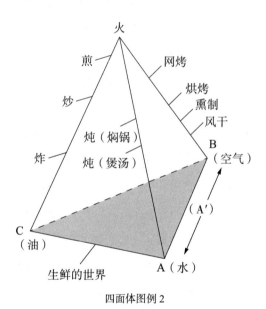

四面体图例 2

将一块控干水分的豆腐置于盘中，此时是它处在 B 点的通常状态。但如果将时间因素也考虑在内的话，就这样放着不管待其腐败（发酵）也不失为一种"料理"方法。

食用腐败的食物，其结果无外乎吃坏肚子与没吃坏肚子这两种。吃坏的时候我们就说那种食物"放坏了"，没有吃坏的话则说它"发酵了"（对于肠胃格外结实的人来说，他们的字典里大概没有"腐败"二字吧。这里的划分方式仅代表一般人的标准）。

如果用适当的方法使豆腐发酵，可以制成类似植物乳酪的食品。中国人食用的腐乳就与此接近。虽说黏糊糊的肌肤甚是不美，一副腐坏的模样，但是作为下酒菜，腐乳的味道美妙绝伦，捣碎后与其他调味料混在一起，更是能够提炼出醇厚的风味。或许有人会说，除了时间因素外，发酵还少不了由细菌引起的微弱热效应。不过，这种热效应毕竟不同于施加火力的烹饪，因此，还是将"腐乳"放在 B 点较为妥当。如果实在介意，不妨沿"火"的方向将其略微上提，置于烧烤料理线的最底端 B'。或许还有人会说，发酵时水分同样必不可少，能不能想想办法呢！既然如此，那就让 B' 再向"水"靠近一点，移动至 B" 好了。不止如此，如果听从更严格的意见，发酵还有可能是由厌氧菌的无氧呼吸产生的，那么就与空气毫无关系了，如此一来有必要让 B" 无限接近于 A 点（水），或者索性将其置于炖煮料理线的最底端。

不过，如果在这种地方纠结得太久就无法前进了，所以看待这类问题时还是应该放宽心态才好。

接下来，让我们继续走马观花地探索生鲜世界其余的地域。

把豆腐浸在油里便是"油浸豆腐"（位于 C 点的豆腐 =C 豆腐）。但是浸在油里的豆腐并不好吃，于是在减少油量的同时添加酱油来吃。按照我们的分类法，酱油在广义上也算是"水"，因此这道工序在四面体上就体现为将生豆腐由 A 点向 C 点移动。移动到 D 点附近时，便做成了类似于向凉拌豆腐中添加酱油和油（辣油较为合适）的一道凉菜。在此基础上，如果撒一些葱花和烤芝麻也是个不错的选择。

顺便重新探讨一下将豆腐放在 A 点的情况。这种形态下的生豆腐可以表现为浸在酱油里的酱油腌豆腐，或是浸在味噌里的味噌腌豆腐，还有可能是将豆腐里头的水分冻结后制成的冻豆腐（例如高野豆腐，但由于冻豆腐是暴露在寒风中制成的，可以认为其制作过程受到了空气的影响，因此，视具体情况而定可以考虑让它向"空气"一侧靠拢）。

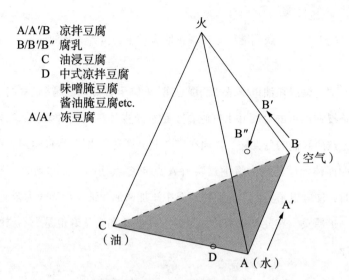

A/A′/B　凉拌豆腐
B/B′/B″　腐乳
　　　C　油浸豆腐
　　　D　中式凉拌豆腐
　　　　　味噌腌豆腐
　　　　　酱油腌豆腐etc.
　A/A′　冻豆腐

火

B′

B″

B

（空气）

A′

C

（油）

D　A（水）

四面体图例3（豆腐料理的花样之一）

好了，差不多该和冰冷的生鲜世界说一声再见，向着由火支配的温暖的料理世界踏上征途了！

先把凉拌豆腐放入水中加热。持续加热后，豆腐开始远离A点，沿炖煮料理线向火的顶点逐步攀升。这一过程中，在火候恰到好处时起锅，便做成了"热汤豆腐"（E豆腐的基本形态）。

如果使用的不是白水，而是用高汤和清酒炖煮，那么做出的将是"甲鱼炖豆腐"（E豆腐的变化形态其一）。

如果使用酱油、高汤和味淋调制的汤汁炖煮，做出来的则是"日式炖豆腐"（E豆腐的变化形态其二）。

　　此外还可以把豆腐在味噌汤中迅速烫一下，这样做成的是"豆腐味噌汤"（E豆腐的变化形态其三）。

　　需要注意的是，当豆腐爬上炖煮料理线的顶点时，汤汁将被熬干，豆腐也会因此被烤焦。

　　假如不是采用水煮，而是利用混合了空气的"水蒸气"去蒸的话，豆腐将少许偏离炖煮线，来到F附近。这道料理我们可以称之为"蒸豆腐"（F豆腐）。

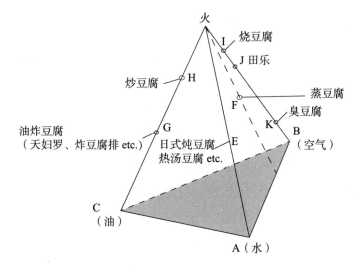

四面体图例4（豆腐料理的花样之二）

用蒸笼蒸豆腐，然后拌上调味卤来吃会很美味，也可以把豆腐和肉类、鱼类一起蒸，做成豪华料理。至于是做成日式风味还是中式风味，全靠对调味料的掌控。当然也可以把豆腐捣碎后和鱼肉糜、蔬菜等食材一起上锅蒸，这样又将做出不同的料理，拓展菜色的花样。

　　此外，如果想对蒸这种底蕴深厚的传统烹饪方法表示敬意，认为它不该是炖煮的旁系，而应拥有独自的地位，那么不如像四面体图例 4 中用虚线描绘的那样，画一条"蒸的料理线"。但是总的来说，四面体各个面上（即其内部）的点原本就代表形形色色的料理，在此基础上添加新的料理线其实并无太大意义。

　　说到处于四面体内部的豆腐料理，也就是在容器中营造出油、水和空气的混合物，之后放入豆腐加热，不难想象，这是利用类似"油蒸煮"的方式去料理食材。话是这样说，"油蒸煮"这个叫法实在勾不起食欲就是了。

　　如果把豆腐放在煎炸料理线上，就可以做出油炸豆腐、干炸豆腐和炒豆腐等，想必已无须多说了。炒豆腐通常是把豆腐捣碎后再炒，这时可以选择性地加入大块的肉丁和蔬菜丁，把豆腐炒成中华风味。煎炒烹炸时，是将豆腐捣碎还是不捣碎（捣碎后油炸便是油炸豆腐团——"飞龙头"），切成大块还是小块，直接下锅还是裹粉裹衣裹上面包屑后再下油锅，总之这后面的工夫就全凭创意了。只不过，如果把豆腐做成"豆腐天妇罗"或是"油炸豆腐排"，就有些剑走偏锋了。而将豆腐带到烧烤料理线以后，做出的将会是烧豆腐和田乐（酱烤豆腐串）之类的料理。要是让豆腐更加远离火焰，尝试做"熏豆腐"，又如何呢？

就这样，不过是紧赶慢赶围着料理的四面体绕行一周，一块豆腐便在转眼之间自由变幻出约二十种不同的料理。这些料理从一开始就隐藏在四面体上的某处，只是等待着我们去发现。

3 GI 豆腐

使用一次料理的四面体，能够发现的料理或许并不多，但如果接二连三、反反复复地使用，一定可以从中看到料理的千姿百态。

例如，假设将豆腐带到 G 点后做出了"油炸豆腐"（G 豆腐）。

接下来，我们要把"G 豆腐"挪到底面上。换句话说，要从四面体上撤掉名为"生鲜的世界"的三角形底板，作为替代，嵌入"G 豆腐"的底板（或者说，要将 G 豆腐当作一种"生鲜的食材"，即料理的起始点来看待）。然后从这块全新的底板出发，开始全新的路程。如此一来，当 G 豆腐开始在四面体上到处移动时，便会陆续有全新的料理涌现出来——

"GE 豆腐"（将油炸过的豆腐在清汤、调味汤和酱油等"水"
中炖煮）

"GI 豆腐"（网烤油炸豆腐）

"GF 豆腐"（清蒸油炸豆腐）

……

进一步反复运用这种"底面变换法"，更可以做出 GHE 豆
腐（焖煮香炒油炸豆腐）、GJF 豆腐（清蒸酱烤油炸豆腐串），乃至
GHEI 豆腐和 GIFK 豆腐（最终会变成什么全凭各自的想象）。

其实在最初打算把豆腐做成凉拌豆腐的时候，我们已经应用了
"底面变换法"。因为我们把从豆腐店里买来的豆腐当成了"生冷的
食材"进行处理。

众所周知，豆腐是熟食，是将泡发的大豆碾碎再经过水煮，并
滤掉豆汤进行成形处理做出来的。由于碾碎、过滤、凝固、搅拌这
些与直接加热无关的工序无法在四面体上有所体现，硬要套用的话，
做豆腐的过程可以看作 A 大豆沿炖煮料理线攀升至 E 点成为 E 大豆
后，再顺着炖煮料理线一路下滑（冷却）返回 A 点。然而，虽然踏
上旅途时身份是大豆，但当他历经艰辛重返故乡时，已经成长为待

人圆滑的豆腐。

或者，如果用来制作豆腐的豆子是那种落地有声的干豆子的话，那么这说明他在似水年华的青年时代曾一度旅行到了 K 地附近（干货都市）。

像这样，食材在四面体上不断重复着多姿多彩的旅行，一面同其他食材一起上演相遇与别离的剧集，一面在各式各样的地方孕育出种类繁多的"料理"。而我们则在眺望四面体的过程中将这一切尽收眼底。

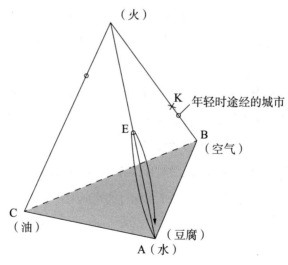

四面体图例 5（大豆的旅行经历）

现实中的料理大多是好几种食材的组合，因此烹饪过程也相当复杂。但若将其分解成单独的步骤便会发现，那不过是一道道基础工序的叠加。

以烤牛肉佐红酒汁这道菜为例，若是用平底锅来烤（炒），那么首先会做成"H牛肉"，然后利用烤出的肉汁翻炒洋葱段，随后倒入红酒制成调味酱汁。整个过程可以分解为：1.做出"H洋葱"；2.倒入红酒后制成"HE洋葱"；3.收汁（由E点向顶点火上升）；4.将调味酱汁淋在之前完成的"H牛肉"上。

至于最后一步，也就是将调味酱汁淋在牛肉上的这道工序，由于是在起锅以后于餐桌上或临上桌之前完成的，因此属于"料理以后"的工序。

尽管如此，若在这时把"底面变换法"的概念引用到这个例子中，那么这道做好的牛排也可以被视作一种"生冷的食材"（即料理的起始状态）。例如把炒过的肉下锅炖煮（先煎一下再做成炖菜）就属于这种情况。由此看来，"料理以后"的状态同时也是另一种形式的"料理以前"，那么在牛排上淋酱汁的情形无异于在沙拉上淋沙拉酱。本书第四章中"牛排＝沙拉"的理论，如今以这种形式在四面体上得到了明确的证实。

如上所述，将一道料理的烹饪方法从头到尾依序分解成要素不仅是一种颇为有趣的智力游戏，也能成为有利于拓宽料理种类的思考实验。

对于时间充裕的读者们来说，如果能够将本书从头再读一遍，想必会有更大的收获吧。在理解了四面体构造的基础上，回过头再看本书介绍过的料理和制作方法，说不定又能获得不一样的阅读体验。于我而言，这些来自世界各地的美食的烹饪方法，既是引出"一般原理"的例证，也是在具体演绎"料理的四面体"模型时必不可少的例题。

┌─────────────┐
│ **4 火焰香蕉** │
└─────────────┘

到此为止，姑且算是得出了结论。既然这世上所有的料理都潜伏在四面体的某处，那么剩下的就只是能否发现和能否再现的问题了。

理所当然地，在实际动手制作一道料理时，对于选料、配料、备料（洗、切、捣碎，等等）、调味、搅拌、装盘这些无法呈现在四面体上的操作，也得有一个清晰的认识才行。因此，即使通过四面体通晓了一般原理，也不可能在一夜之间成为餐厅的主厨。不过，一旦掌握了理论，在今后实践创意的过程中，对"料理以前"和

"料理以后"的操作也会逐渐熟能生巧吧。拨开枝叶寻找根干或许困难重重，但若是从根干出发，就算闭着眼睛也能摸到枝叶。所谓成功的秘诀，就是要以乐观的心态去看待问题。

大家在阅读烹饪书籍时，首先要把四面体的原理提上意识，然后将书中所示的烹饪步骤分解成一道道基础工序。只要像这样抓住了料理的根干部分，便可以按照个人喜好省略那些不必要的工序，并尝试改变原有的调味料与香辛料的搭配方式。总之在细枝末节上不必被书本迷惑，而是要让书本为自己所用。

*

讨论到此告一段落，差不多是时候上甜点了。

昨天买回来的特价香蕉还躺在冰箱上层的抽屉里。既然想起来了，就吃它好了。

取出盘子，在上面放一根香蕉。

可是——

既然对四面体已经有了了解，却还要活剥生吞的话，就有些太不解风情了。

于是在香蕉上洒一点珍藏的干邑白兰地，划一根火柴点火，窜起一团火焰。燃烧的干邑散发着蓝色的妖艳火光。

这便是通常被人们称为"火焰香蕉"的甜点。实际燃烧的只有干邑，香蕉是用肌肤感受火焰的热量，吸收了干邑的醇香（类似于瞬间的网烤或烘烤）。

可即便是这种吃法，仍然给人司空见惯的感觉。

不如做一道 E 香蕉吧，水煮香蕉。

将香蕉去皮后用开水煮，趁热抹果酱享用（Boiled banana，出自英国烹饪书中的一道甜点）。

但是相比之下，说不定 G 香蕉要更胜一筹呢？虽说是 G（油炸），却是裹了炸衣的 G，也就是香蕉天妇罗。

对了，不如先把香蕉做成天妇罗，在表面撒一层砂糖，然后再用干邑或者朗姆酒火烧，怎么样？（貌似独具匠心，其实这是法国的中餐厅人气最旺的一道甜品）

事已至此，索性将香蕉捣成泥，压成薄饼，然后烤着吃或者煎了吃。如何？

这个创意也不错，只不过在东南亚的露天小店里随处可见就是了。

那么……如果用黄油煎这种香蕉薄饼，再佐以胡椒盐和柠檬汁来吃的话，恐怕就是一道当今世界绝无仅有的独创料理了！或者将煎过的香蕉薄饼用高汤和酱油炖煮，再搭配萝卜泥来吃，肯定也是一道独一无二的绝品……

*

一道料理的好吃程度不仅与烹饪方法有关，还受限于食者对于食材（调味料和香辛料亦包括在内）的接受度以及食者自身的味觉特征。石头子不管是煮了还是烤了都是吃不得的。泥鳅和幼蜂这类食材则是有人吃而有人不吃。在饮食习惯的问题上，民族之间不尽相同，个人之间也存在差异。有人可以大口吃蒜、嚼辣椒，然而看了就觉得反胃的人也是有的。类似这样的状况不胜枚举。在此基础上，就算材料都是能吃的，仍然会有人说"做成这样我不吃"。尽管在应用了四面体的原理后可以切实提取出无数种烹饪花样，"能够做出无数种料理"和"能够做出无数种可以下咽的料理"却显然是不同的。不过，即使被人取笑、遭人批判，即使把自己搞到食物中毒（毒杀他人肯定是使不得的），只要无所畏惧、摒除预判与偏见、潜心向界限发起挑战，这样的开拓精神一定会为你带来尽享世上所有美味的口福吧！

"发现新的美食所带给人类的幸福，远远超过发现新的天体。"

正如美食大亨布里亚·萨瓦兰所言，美食的数量绝对不亚于天体的数量。诚然，这当中不乏一些所谓的发现，就像哥伦布和他的同僚们发现了"新大陆"、大呼小叫奔走相告，那片土地在原住民眼中却是自古以来天经地义存在的。发现一道货真价实、迄今为止无人知晓的美食的可能性，依然肯定存在。那么，带上名为"料理的四面体"的望远镜，展开一段美食的发现之旅，何乐而不为呢？

参考文献及其他

本书中写下的各种料理的烹饪方法，大多是以现场见到的情形和他人描述的内容为基础，在以我个人的风格进行再现时记录下来的做法。对于一些不甚确定的地方，姑且对照手头的烹饪书籍进行了确认。当时用到的书籍，以及在查阅其他资料时直接参考过的书目如下（按著者及译者姓名首写字母的顺序排列）：Paul Bocuse 的 *La Cuisine du Marché*（1976），Lizzie Boyd 的 *British Cookery*（1977），Trude Johnston 的 *The Home Book of Viennese Cookery*（1977），Maideh Mazda 的 *In a Pesian Kitchen*（1978），Robert J. Courtine Montagne Prosper 的 *Nouveau Larousse Gastronomique*（1960），Marjorie Quennell 和 Charles Henry Bourne Quennell 的 *A History of Everyday things in England III*（1958），Anisoara Stan 的 *The Romanian Cook Book*（1969），以及 Vié. B. 和 Bosia. L. 的 *Les Salades en 10 Leçons*（1978）。此外还有陈建民等人写的《中国料

理入门》(柴田书店， 1968)，陈舜臣等人写的《美味方丈记》(每日新闻社，1973)，全镇植等人编写的《朝鲜料理》(柴田书店，1979)，中山时子翻译、中华人民共和国饮食服务管理局编写的《中国名菜谱·东方编》(柴田书店，1976)，篠田统的《中国食物史》(柴田书店，1974)和《中国食物史研究》(八坂书房， 1978)，辻调理师学校日本料理研究室编写的《日本料理便览》(评论社，1974)，以及辻嘉一的《米饭与味噌汤》(妇人画报社，1975)。

"此外还有一点想要在此声明，料理的四面体这一奇思妙想的灵感，在很大程度上源于法国人类学家克劳德·列维–斯特劳斯的著作。"

由于这句话甚是有型，就让我装模作样地把它摆在这里吧！

众所周知，列维–斯特劳斯是被视为结构主义哲学鼻祖的20世纪的伟大学者。我在学生时代就曾拜读过他的多本著作，但由于内容深奥难懂，唯有"烹饪三角形"这个字眼始终在我的头脑里挥之不去。

所谓烹饪三角形，依照当时的记忆，似乎是将料理的形态分为生冷的食物、予火的食物（用明火烧烤的食物/放入容器中炖煮的食物）和腐败的食物进行对比，并以此为基础展开各种议论的分类法。总之，对于著作本身的记忆是十分模糊的，但是能够感到自己对"烹饪三角形"怀有的深刻印象。应该还有比这更实用的烹饪分类法吧——我清晰地记得当时的自己曾这样想到。若说这便是促使我去思考"料理的四面体"的直接契机也未尝不可。

本书文库版封面上描绘的曼波鱼（外封）与虎河豚（内封，文库版未使用）的图案，其实和此事之间也是有那么一点关系的。

根据英国生物学家达西·温特沃斯·汤普森的理论，简而言之，若将虎河豚的背鳍与腹鳍分别向上、向下拉扯，其前后的体长势必会因此缩短，变成宛如曼波鱼的体形。换言之，乍看之下毫无关联的两者之间，其实存在着一定的变形方程式。曼波鱼与虎河豚虽然以迥异的形态出现在我们眼前，本质上却源自相同的原型。

而在展示其理论中的结构主义观点时，汤普森亦曾引用了列维－斯特劳斯的学说，不过这件事先暂且不论，虎河豚的美味不言而喻，曼波鱼咬起来也是肉身松松软软，内脏咯咯吱吱，做成刺身蘸醋味噌吃，味道绝佳，拿来装饰本书的封面再合适不过了。

解　说

日高良实 [1]

　　2009 年 11 月某天，在赶赴大阪办公的途中我收到餐厅广告专员寄来的一封邮件。中公出版社决定出版玉村丰男先生所著《料理的四面体》的文库版，编辑部发来信函委托我为本书撰写解说，而且这也是玉村先生本人的请求。信中问我该如何答复。

　　"料理的四面体"——这个别有一番风味的书名曾经给我留下强烈的印象。

　　三十年前，刚从厨师学校毕业的我偶然在一家书店的烹饪书专柜里发现了这本书。想到这里，那时的画面旋即鲜活地浮现在了眼前。

---

[1]　译注：日本著名意大利料理厨师，餐厅 ACQUA PAZZA 的主厨兼经营者。

"怪里怪气的书名！"这便是当年那个二十出头的自己对这本书的第一印象。翻开一看，原来是一本以世界各国的料理为例，对烹饪方法进行剖析的奇怪的烹饪书。"这样分析来分析去地又能怎样呢？有这个必要吗？"读过以后我甚感诧异。本来嘛，生活在料理界的人，是不会以图形的方式去看待料理的。自己最早入行的时候，也是跟随前辈们学习烹饪，在这个过程中是绝对不会冒出书里那些想法的。"原来还能以这种方式去解读料理！能够琢磨出这种东西，真够可以的！"面对如此异想天开的构想，我惊讶不已，但与此同时，"有趣归有趣，可是所以又能怎样呢？"这本书也在我心中留下了一个悬念。

　　几年以后，我迎来了又一次印象深刻的不期而遇。那时正在意大利磨炼厨艺的我打算借这个难得的机会去法国转转，于是在巴黎一位外出度假的友人的公寓里借住了三个星期。此行随身携带的几本书中，刚好有一本玉村先生的《巴黎旅行杂学笔记》。捧着这本书走在巴黎的大街上时，我真的遇到了作者玉村先生，看见他本人正从对面姗姗而来。路上行人匆匆，唯有玉村先生的身影跃入眼帘，回忆起当时的感动，至今心弦仍然会为之颤动。

　　此后二十余载，在机缘巧合下我被邀请为本书撰写解说，这件事又有谁能想到呢？本书在我心中一直占有一席之地，而且每逢要我介绍"厨师必读书目"时都会极力推荐，但就是始终找不到机会拾起来再读一遍。这次为了写这篇解说，我把它反反复复读了好几遍。不，又岂止是好几遍。于是，跨越三十年的时间，当我作为一介料理人已经积累了足够的经验后，从这本书中强烈感受到的是过去无法体会的趣味，以及玉村先生在料理上的高深造诣。每翻过一页，当年那个二十几岁的料理人所无法理解的对于料理的情意，都会令今天的我激动不已。那份情意不仅流露于字里行间，同时也源于我自身对料理的执着追求。

动物依靠本能，为了生存而"噬"。人类则凭借智慧，为满足自己的喜好而"食"。这种区别始于"对火的驾驭"。起源于病毒与细菌的生命体，经历了由海鱼到陆上生命的转变，再到昆虫、鸟类和各种小型动物，最终进化成为哺乳动物。而动物当中智能最为发达的猿和人，据说在头脑上的差距就体现在运用火的烹饪上面。告别了追逐猎物、迁徙度日的狩猎生活，进入农耕时代以后，人类开始播种、收获，并用火来处理作物，从此在一定范围的地域内定居下来。此后，人类发现了盐腌、风干、发酵等处理作物和食材的方法，并以此为基础创造出富饶的文明。从某种意义上讲，烹饪的目的原本在于将不可食用的东西转变为食物，而烹饪的技法正是诞生于为此付出的不懈努力。富足之人享有最为方便易食的部分，贫穷之人则将无法直接食用的部分加工成食粮。进而随着祭祀贡品和节日料理的发展，不同的土地上逐渐孕育出了各自独有的饮食文化。

因此，说"料理"是人类进化的原动力也不为过。地球上存在诸多国家，在不同的气候、风土和历史的影响下，在这些国家诞生了"身土不二"[1]的食材和调味料。人们从原本目的只在于生存的进食行为中发展出了"料理"，并知晓了品尝美味的喜悦。为了提高料理食材的效率，人们又发明出便于烹饪的器具，并为了赋予料理感官之美，对盛放料理的食器精益求精。

地球上有多少国家，就有多少基数比此更为庞大的乡土料理和饮食文化。然而，乍看之下个性鲜明、各自为政的世界各国饮食，将它们以料理方法论的形式归纳在同一方程式下，这便是"料理的四面体"的存在之本。以"空气""水""油"构成的三角形为底面，并用"火"来掌控时间与程度的变化，以此构建出一种能够将地球上为数众多的烹饪方法及全部料理——说清道明的方程式，玉村先生提出四面体的初衷就在于此。

只要能学会几样料理，然后去套用"料理的四面体"方程式的话，仅此而已烹饪花样便将层出不穷——玉村先生在书中如此写道。世界各国、各民族的料理虽然是以不同形态出现在我们面前的，但

---

[1]　编注：身土不二原本是佛教用语，后来引申发展为支持本土生产的食品的口号，曾经在日本与韩国风靡一时，尤其在韩国还一度成为广泛使用的爱国口号。

　　　　　　　　　　　　　　　　　　　　料理的四面体

是归根结底，人们烹饪的手法是大同小异的，是可以代入到一定的公式当中去的。

举个例子，一个人就算不曾尝过阿尔及利亚式炖羊肉和蓬巴杜风情羔羊背肉，生姜烧猪肉这类菜总是吃过的。现在我们被告知它们的原理异曲同工，于是乎，无须逐句背诵新的菜谱，只要掌握烹饪的要领，就能让自己的厨艺神奇地朝着各种未知的料理无限延伸。

简而言之，烹饪这件事——无所谓器具与调味料的差异——即是"空气""水""油"这三要素在"火"的介入下将素材变化成各种菜肴的过程。我们可以套用公式，考虑将四面体上的某个位置设为起点，之后只要移动那一点，就可以轻而易举地推导出形态各异的料理了——虽然玉村先生是这样说明的，可是，发现四面体方程式本身恰巧是整件事中最大的难关，不是吗？

尽管我早已将料理视作自己的毕生事业，但在三十年前却连这道公式的意义都无法参透。随着经验的累积，我才恍然意识到，四面体方程式是在研究菜谱时最简便，同时也是最合理的思维方式。因为创作菜谱的前提条件，便是要理解备料、切料、加热等各个环节中蕴含的原理，在此基础之上才有可能打开通往创意新食谱的大门。可以确信的是，没有任何一道料理是借由脱离常规的手法、器具，或是珍奇的调味料诞生出来的。

解说日高良实

三十年前我对如此深奥的料理方程式完全琢磨不透，当年不过三十岁上下的玉村先生却能够将它创建出来，为什么呢？

　　大概，像我这样一天中有大半都在厨房里度过，只顾沉浸于料理世界的人是无法办到的吧。一心学习烹饪的人沿着固定轨道学会的东西，玉村先生却是本着旺盛的好奇心，在云游四方的过程中了解那些吸引他的食物后，通过最为正确的途径掌握它们的烹饪方法的。能够创建出这样的料理方程式，无疑是因为玉村先生对"吃"抱有永远的饥饿感与热情。

　　尽管我对玉村先生的了解只是很小的一部分，但是仍然感到先生骨子里是对于创造而并非破坏的热情，是向来不忘发挥一点儿幽默感的快乐主义本能，再有，就是由缜密的研究与计算作为后盾的自由精神。在我看来，四面体正是贯彻了这样一种生活方式的玉村先生的写照。他是一位杂文作家，也是一名艺术工作者，还是一个纤细的画家，一个农民，一个酿酒人，一位餐厅经营者，一位电视评论家……正是这个名为玉村丰男的才华横溢的有机整体，才有可能孕育出这样的四面体。

　　近来，通过工作上与玉村先生的交流，我深刻地感到"料理的四面体"已经获得了更上一层楼的升华。由"绘画""文字""饮食"

这三个端点构成底面，以名为欲望的"热情"作为顶点所完成的"玉村丰男四面体"已经出现了，那是玉村先生作为一个独立的个体正在靠自身去实践的，描绘了对自己不远将来的憧憬的人生方程式。

希望各位读者在读过这本《料理的四面体》以后，不论经过多少年，还能重新将本书细细地读上一遍。就像过去的我一样，在尚未成熟的年轻人看来，书中的内容或许有些晦涩难懂，但在多年之后当你真正发觉四面体的深邃时，那种喜悦就仿佛在品味一瓶跨越时空的陈年老酒时所收获的感动。

图书在版编目（CIP）数据

料理的四面体 /（日）玉村丰男著；丁楠译 . —杭州：
浙江大学出版社，2019. 9
ISBN 978-7-308-19529-4

Ⅰ.①料… Ⅱ.①玉… ②丁… Ⅲ.①菜谱 Ⅳ.① TS972.12

中国版本图书馆 CIP 数据核字（2019）第 194009 号

料理的四面体

［日］玉村丰男　著　丁楠　译

责任编辑	周红聪
责任校对	杨利军　夏斯斯
装帧设计	周伟伟
出版发行	浙江大学出版社
	（杭州天目山路 148 号 邮政编码 310007）
	（网址：http:// www.zjupress.com）
制　作	北京大有艺彩图文设计有限公司
印　刷	北京时捷印刷有限公司
开　本	880mm×1230mm　1/32
印　张	7.25
字　数	142 千
版 印 次	2019 年 9 月第 1 版　2019 年 9 月第 1 次印刷
书　号	ISBN 978-7-308-19529-4
定　价	48.00 元